社会学和人类学基本上是通信的科学，属于控制论这个总题目。经济学是社会学的一个特殊分支，它的特点是具有比社会学的其余分支好得多的关于价值的数值量度，而它也是控制论的一个分支。所有这些领域都具有控制论的一般思想。控制论还影响到科学哲学本身，尤其是科学方法和认识论即知识理论的领域。

——维纳

维纳从小就智力超常，3 岁时就能读写，14 岁时就大学毕业了，18 岁获哈佛大学博士学位，被誉为旷世神童。

本书列入“十四五”国家重点图书出版规划

科学元典丛书

The Series of the Great Classics in Science

主　　编　任定成

执行主编　周雁翎

策　　划　周雁翎

丛书主持　陈　静

科学元典是科学史和人类文明史上划时代的丰碑，是人类文化的优秀遗产，是历经时间考验的不朽之作。它们不仅是伟大的科学创造的结晶，而且是科学精神、科学思想和科学方法的载体，具有永恒的意义和价值。

人有人的用处

——控制论与社会

The Human Use of Human Beings

Cybernetics and Society

[美] 维纳 著　陈步 译

图书在版编目(CIP)数据

人有人的用处：控制论与社会/（美）维纳著；陈步译.—北京：北京大学出版社，2010.7

（科学元典丛书）

ISBN 978-7-301-17369-5

Ⅰ.人… Ⅱ.①维…②陈… Ⅲ.科学普及－科学社会学 Ⅳ.G301

中国版本图书馆 CIP 数据核字（2010）第 116558 号

THE HUMAN USE OF HUMAN BEINGS: CYBERNETICS AND SOCIETY

(2nd Edition)

By Norbert Wiener

Boston: Houghton Mifflin, 1954

书　　名　人有人的用处——控制论与社会
　　　　　RENYOU REN DE YONGCHU——KONGZHILUN YU SHEHUI
著作责任者　〔美〕维　纳　著　陈　步　译
丛书策划　周雁翎
丛书主持　陈　静
责任编辑　陈　静
标准书号　ISBN 978-7-301-17369-5
出版发行　北京大学出版社
地　　址　北京市海淀区成府路 205 号　100871
网　　址　http://www.pup.cn　　新浪微博：@北京大学出版社
微信公众号　科学元典（微信号：kexueyuandian）
电子信箱　zyl@pup.pku.edu.cn
电　　话　邮购部 62752015　发行部 62750672　编辑部 62707542
印 刷 者　北京中科印刷有限公司
经 销 者　新华书店
　　　　　787 毫米×1092 毫米　16 开本　13.5 印张　8 插页　150 千字
　　　　　2010 年 7 月第 1 版　2023 年 5 月第 8 次印刷
定　　价　65.00 元

弁　言

· *Preface to the Series of the Great Classics in Science* ·

这套丛书中收入的著作，是自古希腊以来，主要是自文艺复兴时期现代科学诞生以来，经过足够长的历史检验的科学经典。为了区别于时下被广泛使用的“经典”一词，我们称之为“科学元典”。

我们这里所说的“经典”，不同于歌迷们所说的“经典”，也不同于表演艺术家们朗诵的“科学经典名篇”。受歌迷欢迎的流行歌曲属于“当代经典”，实际上是时尚的东西，其含义与我们所说的代表传统的经典恰恰相反。表演艺术家们朗诵的“科学经典名篇”多是表现科学家们的情感和生活态度的散文，甚至反映科学家生活的话剧台词，它们可能脍炙人口，是否属于人文领域里的经典姑且不论，但基本上没有科学内容。并非著名科学大师的一切言论或者是广为流传的作品都是科学经典。

这里所谓的科学元典，是指科学经典中最基本、最重要的著作，是在人类智识史和人类文明史上划时代的丰碑，是理性精神的载体，具有永恒的价值。

一

科学元典或者是一场深刻的科学革命的丰碑，或者是一个严密的科学体系的构架，或者是一个生机勃勃的科学领域的基石，或者是一座传播科学文明的灯塔。它们既是昔日科学成就的创造性总结，又是未来科学探索的理性依托。

哥白尼的《天体运行论》是人类历史上最具革命性的震撼心灵的著作，它向统治西方思想千余年的地心说发出了挑战，动摇了“正统宗教”学说的天文学基础。伽利略《关于托勒密和哥白尼两大世界体系的对话》以确凿的证据进一步论证了哥白尼学说，更直接地动摇了教会所庇护的托勒密学说。哈维的《心血运动论》以对人类躯体和心灵的双重关怀，满怀真挚的宗教情感，阐述了血液循环理论，推翻了同样统治西方思想千余年、被“正统宗教”所庇护的盖伦学说。笛卡儿的《几何》不仅创立了为后来诞生的微积分提供了工具的解析几何，而且折射出影响万世的思想方法论。牛顿的《自然哲学之数学原理》标志着17世纪科学革命的顶点，为后来的工业革命奠定了科学基础。分别以惠更斯的《光论》与牛顿的《光学》为代表的波动说与微粒说之间展开了长达200余年的论战。拉瓦锡在《化学基础论》中详尽论述了氧化理论，推翻了统治化学百余年之久的燃素理论，这一智识壮举被公认为历史上最自觉的科学革命。道尔顿的《化学哲学新体系》奠定了物质结构理论的基础，开创了科学中的新时代，使19世纪的化学家们有计划地向未知领域前进。傅立叶的《热的解析理论》以其对热传导问题的精湛处理，突破了牛顿《原理》所规定的理论力学范围，开创了数学物理学的崭新领域。达尔文《物种起源》中的进化论思想不仅在生物学发展到分子水平的今天仍然是科学家们阐释的对象，而且100多年来几乎在科学、社会和人文的所有领域都在施展它有形和无形的影响。摩尔根的《基因论》揭示了孟德尔式遗传性状传递机理的物质基础，把生命科学推进到基因水平。爱因斯坦的《狭义与广义相对论浅说》和薛定谔的《关于波动力学的四次演讲》分别阐述了物质世界在高速和微观领域的运动规律，完全改变了自牛顿以来的世界观。魏格纳的《海陆的起源》提出了大陆漂移的猜想，为当代地球科学提供了新的发展基点。维纳的《控制论》揭示了控制系统的反馈过程，普里戈金的《从存在到演化》发现了系统可能从原来无序向新的有序态转化的机制，二者的思想在今天的影响已经远远超越了自然科学领域，影响到经济学、社会学、政治学等领域。

科学元典的永恒魅力令后人特别是后来的思想家为之倾倒。欧几里得的《几何原本》以手抄本形式流传了1800余年，又以印刷本用各种文字出了1000版以上。阿基米德写了大量的科学著作，达·芬奇把他当作偶像崇拜，热切搜求他的手稿。伽利略以他的继承人自居。莱布尼兹则说,了解他的人对后代杰出人物的成就就不会那么赞赏了。为捍卫《天体运行论》中的学说,布鲁诺被教会处以火刑。伽利略因为其《关于托勒密和哥白尼两大世界体系的对话》一书,遭教会的终身监禁,备受折磨。伽利略说吉尔伯特的《论磁》一书伟大得令人嫉妒。拉普拉斯说,牛顿的《自然哲学之数学原理》揭示了宇宙的最伟大定律,它将永远成为深邃智慧的纪念碑。拉瓦锡在他的《化学基础论》出版后 5 年被法国革命法庭处死,传说拉格朗日悲愤地说,砍掉这颗头颅只要一瞬间,再长出这样的头颅一百年也不够。《化学哲学新体系》的作者道尔顿应邀访法,当他走进法国科学院会议厅时,院长和全体院士起立致敬,得到拿破仑未曾享有的殊荣。傅立叶在《热的解析理论》中阐述的强有力的数学工具深深影响了整个现代物理学,推动数学分析的发展达一个多世纪,麦克斯韦称赞该书是“一首美妙的诗”。当人们咒骂《物种起源》是“魔鬼的经典”“禽兽的哲学”的时候,赫胥黎甘做“达尔文的斗犬”,挺身捍卫进化论,撰写了《进化论与伦理学》和《人类在自然界的位置》,阐发达尔文的学说。经过严复的译述,赫胥黎的著作成为维新领袖、辛亥精英、“五四”斗士改造中国的思想武器。爱因斯坦说法拉第在《电学实验研究》中论证的磁场和电场的思想是自牛顿以来物理学基础所经历的最深刻变化。

在科学元典里,有讲述不完的传奇故事,有颠覆思想的心智波涛,有激动人心的理性思考,有万世不竭的精神甘泉。

二

按照科学计量学先驱普赖斯等人的研究,现代科学文献在多数时间里呈指数增长趋势。现代科学界,相当多的科学文献发表之后,并没有任何人引用。就是一时被引用过的科学文献,很多没过多久就被新的文献所淹没了。科学注重的是创造出新的实在知识。从这个意义上说,科学是向前看的。但是,我们也可以看到,这么多文献被淹没,也表明划时代的科学文献数量是很少的。大多数科学元典不被现代科学文献所引用,那是因为其中的知识早已成为科学中无须证明的常识了。即使这样,科学经典也会因为其中思想的恒久意义,而像人文领域里的经典一样,具有永恒的阅读价值。于是,科学经典就被一编再编、一印再印。

早期诺贝尔奖得主奥斯特瓦尔德编的物理学和化学经典丛书“精密自然科学经典”从 1889 年开始出版,后来以“奥斯特瓦尔德经典著作”为名一直在编辑出版,有资料说目前已经出版了 250 余卷。祖德霍夫编辑的“医学经典”丛书从 1910 年就开始陆续出版了。也是这一年,蒸馏器俱乐部编辑出版了 20 卷“蒸馏器俱乐部再版本”丛书,丛书中全是化学经典,这个版本甚至被化学家在 20 世纪的科学刊物上发表的论文所引用。一般把1789年拉瓦锡的化学革命当作现代化学诞生的标志，把1914年爆发的第一次世界大战称为化学家之战。奈特把反映这个时期化学的重大进展的文章编成一卷，把这个时期的其他9部总结性化学著作各编为一卷，辑为10卷“1789—1914年的化学发展”丛书，于1998年出版。像这样的某一科学领域的经典丛书还有很多很多。

科学领域里的经典，与人文领域里的经典一样，是经得起反复咀嚼的。两个领域里的经典一起，就可以勾勒出人类智识的发展轨迹。正因为如此，在发达国家出版的很多经典丛书中，就包含了这两个领域的重要著作。1924年起，沃尔科特开始主编一套包括人文与科学两个领域的原始文献丛书。这个计划先后得到了美国哲学协会、美国科学促进会、美国科学史学会、美国人类学协会、美国数学协会、美国数学学会以及美国天文学学会的支持。1925年，这套丛书中的《天文学原始文献》和《数学原始文献》出版，这两本书出版后的25年内市场情况一直很好。1950年，他把这套丛书中的科学经典部分发展成为“科学史原始文献”丛书出版。其中有《希腊科学原始文献》《中世纪科学原始文献》和《20世纪(1900—1950年)科学原始文献》，文艺复兴至19世纪则按科学学科(天文学、数学、物理学、地质学、动物生物学以及化学诸卷)编辑出版。约翰逊、米利肯和威瑟斯庞三人主编的“大师杰作丛书”中，包括了小尼德勒编的3卷“科学大师杰作”，后者于1947年初版，后来多次重印。

在综合性的经典丛书中，影响最为广泛的当推哈钦斯和艾德勒1943年开始主持编译的“西方世界伟大著作丛书”。这套书耗资200万美元，于1952年完成。丛书根据独创性、文献价值、历史地位和现存意义等标准，选择出74位西方历史文化巨人的443部作品，加上丛书导言和综合索引，辑为54卷，篇幅2 500万单词，共32 000页。丛书中收入不少科学著作。购买丛书的不仅有“大款”和学者，而且还有屠夫、面包师和烛台匠。迄1965年，丛书已重印30次左右，此后还多次重印，任何国家稍微像样的大学图书馆都将其列入必藏图书之列。这套丛书是20世纪上半叶在美国大学兴起而后扩展到全社会的经典著作研读运动的产物。这个时期，美国一些大学的寓所、校园和酒吧里都能听到学生讨论古典佳作的声音。有的大学要求学生必须深研100多部名著，甚至在教学中不得使用最新的实验设备而是借助历史上的科学大师所使用的方法和仪器复制品去再现划时代的著名实验。至20世纪40年代末，美国举办古典名著学习班的城市达300个，学员约50 000余众。

相比之下，国人眼中的经典，往往多指人文而少有科学。一部公元前300年左右古希腊人写就的《几何原本》，从1592年到1605年的13年间先后3次汉译而未果，经17世纪初和19世纪50年代的两次努力才分别译刊出全书来。近几百年来移译的西学典籍中，成系统者甚多，但皆系人文领域。汉译科学著作，多为应景之需，所见典籍寥若晨星。借20世纪70年代末举国欢庆“科学春天”到来之良机，有好尚者发出组译出版“自然科学世界名著丛书”的呼声，但最终结果却是好尚者抱憾而终。20 世纪 90 年代初出版的“科学名著文库”，虽使科学元典的汉译初见系统，但以 10 卷之小的容量投放于偌大的中国读书界，与具有悠久文化传统的泱泱大国实不相称。

我们不得不问：一个民族只重视人文经典而忽视科学经典，何以自立于当代世界民族之林呢？

三

科学元典是科学进一步发展的灯塔和坐标。它们标识的重大突破，往往导致的是常规科学的快速发展。在常规科学时期，人们发现的多数现象和提出的多数理论，都要用科学元典中的思想来解释。而在常规科学中发现的旧范型中看似不能得到解释的现象，其重要性往往也要通过与科学元典中的思想的比较显示出来。

在常规科学时期，不仅有专注于狭窄领域常规研究的科学家，也有一些从事着常规研究但又关注着科学基础、科学思想以及科学划时代变化的科学家。随着科学发展中发现的新现象，这些科学家的头脑里自然而然地就会浮现历史上相应的划时代成就。他们会对科学元典中的相应思想，重新加以诠释，以期从中得出对新现象的说明，并有可能产生新的理念。百余年来，达尔文在《物种起源》中提出的思想，被不同的人解读出不同的信息。古脊椎动物学、古人类学、进化生物学、遗传学、动物行为学、社会生物学等领域的几乎所有重大发现，都要拿出来与《物种起源》中的思想进行比较和说明。玻尔在揭示氢原子光谱的结构时，提出的原子结构就类似于哥白尼等人的太阳系模型。现代量子力学揭示的微观物质的波粒二象性，就是对光的波粒二象性的拓展，而爱因斯坦揭示的光的波粒二象性就是在光的波动说和粒子说的基础上，针对光电效应，提出的全新理论。而正是与光的波动说和粒子说二者的困难的比较，我们才可以看出光的波粒二象性学说的意义。可以说，科学元典是时读时新的。

除了具体的科学思想之外，科学元典还以其方法学上的创造性而彪炳史册。这些方法学思想，永远值得后人学习和研究。当代研究人的创造性的诸多前沿领域，如认知心理学、科学哲学、人工智能、认知科学等，都涉及对科学大师的研究方法的研究。一些科学史学家以科学元典为基点，把触角延伸到科学家的信件、实验室记录、所属机构的档案等原始材料中去，揭示出许多新的历史现象。近二十多年兴起的机器发现，首先就是对科学史学家提供的材料，编制程序，在机器中重新做出历史上的伟大发现。借助于人工智能手段，人们已经在机器上重新发现了波义耳定律、开普勒行星运动第三定律，提出了燃素理论。萨伽德甚至用机器研究科学理论的竞争与接受，系统研究了拉瓦锡氧化理论、达尔文进化学说、魏格纳大陆漂移说、哥白尼日心说、牛顿力学、爱因斯坦相对论、量子论以及心理学中的行为主义和认知主义形成的革命过程和接受过程。

除了这些对于科学元典标识的重大科学成就中的创造力的研究之外,人们还曾经大规模地把这些成就的创造过程运用于基础教育之中。美国兴起的发现法教学,就是几十年前在这方面的尝试。近二十多年来,兴起了基础教育改革的全球浪潮,其目标就是提高学生的科学素养,改变片面灌输科学知识的状况。其中的一个重要举措,就是在教学中加强科学探究过程的理解和训练。因为,单就科学本身而言,它不仅外化为工艺、流程、技术及其产物等器物形态、直接表现为概念、定律和理论等知识形态,更深蕴于其特有的思想、观念和方法等精神形态之中。没有人怀疑,我们通过阅读今天的教科书就可以方便地学到科学元典著作中的科学知识,而且由于科学的进步,我们从现代教科书上所学的知识甚至比经典著作中的更完善。但是,教科书所提供的只是结晶状态的凝固知识,而科学本是历史的、创造的、流动的,在这历史、创造和流动过程之中,一些东西蒸发了,另一些东西积淀了,只有科学思想、科学观念和科学方法保持着永恒的活力。

然而,遗憾的是,我们的基础教育课本和科普读物中讲的许多科学史故事不少都是误讹相传的东西。比如,把血液循环的发现归于哈维,指责道尔顿提出二元化合物的元素原子数最简比是当时的错误,讲伽利略在比萨斜塔上做过落体实验,宣称牛顿提出了牛顿定律的诸数学表达式,等等。好像科学史就像网络上传播的八卦那样简单和耸人听闻。为避免这样的误讹,我们不妨读一读科学元典,看看历史上的伟人当时到底是如何思考的。

现在,我们的大学正处在席卷全球的通识教育浪潮之中。就我的理解,通识教育固然要对理工农医专业的学生开设一些人文社会科学的导论性课程,要对人文社会科学专业的学生开设一些理工农医的导论性课程,但是,我们也可以考虑适当跳出专与博、文与理的关系的思考路数,对所有专业的学生开设一些真正通而识之的综合性课程,或者倡导这样的阅读活动、讨论活动、交流活动甚至跨学科的研究活动,发掘文化遗产、分享古典智慧、继承高雅传统,把经典与前沿、传统与现代、创造与继承、现实与永恒等事关全民素质、民族命运和世界使命的问题联合起来进行思索。

我们面对不朽的理性群碑,也就是面对永恒的科学灵魂。在这些灵魂面前,我们不是要顶礼膜拜,而是要认真研习解读,读出历史的价值,读出时代的精神,把握科学的灵魂。我们要不断吸取深蕴其中的科学精神、科学思想和科学方法,并使之成为推动我们前进的伟大精神力量。

任定成
2005 年 8 月 6 日
北京大学承泽园迪吉轩

维纳（Norbert Wiener,1894—1964）

维纳的父亲利奥·维纳编写的《19世纪俄国文学作品选》。利奥是俄裔犹太人，哈佛大学第一位斯拉夫语言和文学教授，懂二十多国语言。

维纳的母亲伯莎·卡恩（Bertha Kahn）和父亲利奥·维纳（Leo Wiener，1862—1939）。他们于1893年结婚。1894年11月26日，维纳在密苏里州哥伦比亚市出生，他是家中的长子。

7岁的维纳。维纳从小智力超常，3岁时就能读写，只用了3年时间就读完了中学。

建于1852年的塔夫茨大学。1906—1909年，维纳在这所不太起眼、但又具有良好文化氛围的大学数学系学习，这样的选择是因为维纳的父亲认为：作为神童的维纳在这里学习，可以避免过于惹人注目而招致妒忌或排斥。

塔夫茨大学的标志建筑——西礼堂

>>> 哈佛大学校园景。1909年，维纳和另外四位神童一起被招收到哈佛。维纳最初的目标是哈佛研究院的生物学博士学位，但一学期下来，维纳的父亲觉得维纳在塔夫茨学院时就显露了对哲学的兴趣和特长，他应当向康奈尔大学的哲学院申请奖学金，以便将来成为一位哲学家。

<<< 康奈尔大学校园景。1910年夏，维纳获得了康奈尔大学提供的为期一年的奖学金，前往该校学习哲学。这一年，维纳选修了一系列哲学课程，包括研读柏拉图的希腊原文著作《理想国》和17、18世纪英国古典哲学，尝试写了几篇哲学论文，但他在哲学上的研究属于一般水平，学年即将结束时，自知继续获取奖学金无望，于是在1911年9月，以哲学博士候选人的身份回到了哈佛，继续最后两年的学习。

>>> 1913年夏初，18岁的维纳以关于数理逻辑的论文获得了哈佛大学哲学博士。在授予博士学位的仪式上，执行主席看他一脸稚气，颇为好奇，于是便当面询问他的年龄。维纳的回答十分巧妙："我今年岁数的立方是个四位数，岁数的四次方是个六位数，这两个数正好把0~9这10个数字全用上了，不重不漏。这意味着全体数字都向我俯首称臣，预祝我将来在数学领域里一定能干出一番惊天动地的大事业。"维纳此言一出，满座皆惊，无不被他奇妙的回答所深深吸引。

《《 剑桥大学三一学院。1913年，维纳获奖学金到英国剑桥大学学习。

》》 1916年的罗素（Bertrand Russell，1872—1970）。在剑桥大学，维纳的导师罗素给了维纳很多指点，建议维纳在研修逻辑的同时，进一步加强数学的训练，还鼓励他钻研爱因斯坦的相对论、卢瑟福的电子理论、玻尔的量子理论，这极大地开拓了他的视野，深化了他的思想。在维纳一生的科学生涯中，罗素无疑是个极重要的引路人。此后，维纳选择把数学和物理、工程学结合起来的研究方向，就是因为受了罗素的启蒙。

维纳在剑桥的数学导师哈代（Godfrey Harold Hardy，1877—1947）。维纳认为，在获得博士学位以后，哈代是对他一生的数学研究影响最大的人。

维纳在剑桥的数学导师李特尔伍德（John Edensor Littlewood，1885—1977）。传说维纳第一次遇见李特尔伍德时说“噢，还真有你这么个人。我原以为Littlewood只是Hardy（哈代）为写得比较差的文章署的笔名呢。”维纳本人对这个笑话很懊恼，在自传中极力否认此事。

〉〉〉希尔伯特（David Hilbert，1862—1943）。1914年，罗素要赴哈佛大学讲学半年，因此他建议维纳到德国格丁根大学进修几个月。在格丁根，维纳选修了希尔伯特讲授的微分方程、哲学家胡塞尔（Edmund Husserl，1859—1938）开设的康德哲学课，还有物理学家的群论。从希尔伯特身上，他不仅学到了必要的数学工具和技巧，更领略到一种博大精深的数学思想。

〉〉〉杜威（John Dewey，1859—1952）。1914年，因爆发第一次世界大战，剑桥大学已近乎关闭，不再是学习和研究学问的好地方，维纳只得无奈地告别剑桥。回到美国，他遵照临走前罗素提出的建议，到哥伦比亚大学师从实用主义哲学家和教育家杜威。在维纳心中，杜威是这里唯一能与剑桥和格丁根的教授相提并论的学者。

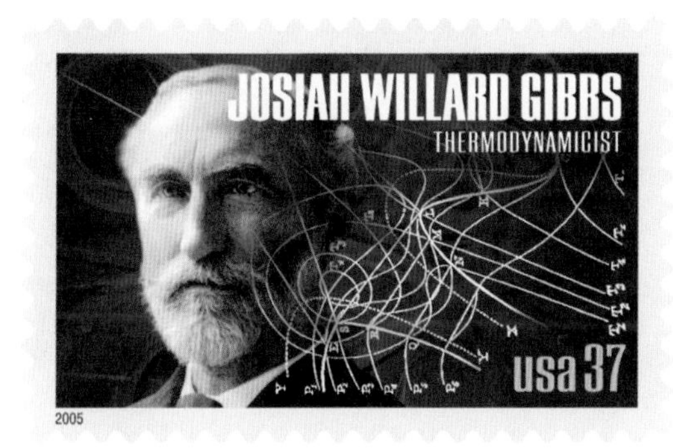

〈〈〈 维纳在麻省理工学院工作时，开始认识到吉布斯在统计力学方面的伟大工作，并自认为在其一生中这是智力上的一个里程碑。图为美国物理化学家吉布斯（Josiah Willard Gibbs，1839—1903）。

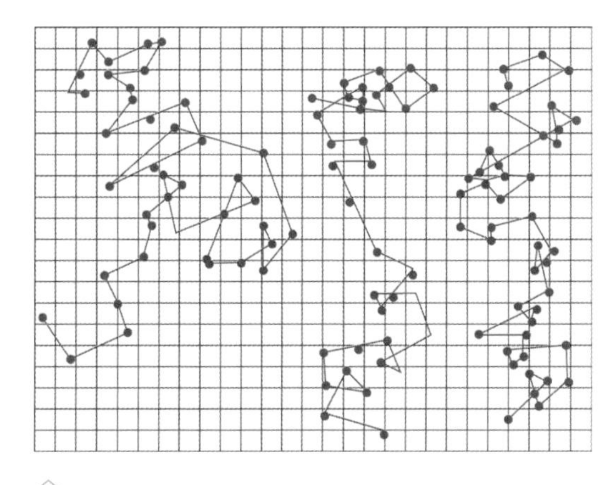

︿︿ 对布朗运动（图）的深入探索是维纳在数学方面从事的第一项重要研究。这也是他独立科研生涯的良好开端。

〉〉〉霍普夫（Eberhard Hopf，1902—1983）。他和维纳合作完成了一篇关于一类奇异积分方程的论文，此方程后称为维纳-霍普夫方程，与此对应的维纳-霍普夫技术应用到了多个学科领域。

《《 1918年，维纳在美国马里兰州阿伯丁试验场（the Aberdeen Proving Ground）。在此，维纳参加了弹道学的研究，也圆了自己的士兵梦。

Grenoble, July 27, '25.

Dear Bertha:

I gave my paper here today — partly in English and partly in bad French. It fell flat — but there were only five people present, none of them an analyst, and only one of them of any mathematical significance whatever. That was Cartan. When I was introduced to him as Mr. Wiener, he said "Not Norbert Wiener?" I tell you, kid!

My French is down to low water mark. In the last four weeks, I have got into the habit of thinking in German, and every now and then I get the wires crossed. It'll come back soon enough. But I am beastly tired from the trip from Leipzig — the first 24 hours without lying down — and I suppose my trouble is to be

knows no English (although he has French, Italian and some Spanish).

Having thus Boswelled enough, and being at the end of my third sheet of paper, I conclude by asking for news of [illegible] amidst the jaguars and mosquitos.

Your loving brother,

Norbert

︽ 1925年7月27日，维纳致他的妹妹贝莎（Bertha Wiener）的信。信中他详细地描述了当年在火车上偶遇爱因斯坦的情景。

︽ 1925年，维纳与玻恩（Max Born，1882—1970）在剑桥研讨。

》》维纳在麻省理工学院授课。维纳1919年任麻省理工学院讲师，1929年被提升为副教授，1932年又晋升为教授。

>>> 美国数学学会大厦。1926年，维纳入选美国艺术和科学院，1933年当选为国家科学院院士，同年，因在陶贝尔型定理方面的成就，他荣获了美国数学学会5年颁发一次的博歇奖（Bôcher Memorial Prize）。1934年维纳当选为美国数学学会副会长。但维纳对荣誉和头衔并不感兴趣。科学院每年竞选新成员时，难免出现激烈的竞争和讨价还价现象，这些令他十分厌恶，所以他不久便辞去了科学院院士的资格。

<<< 1934年，维纳在美国数学学会研讨会上。1933—1935年，维纳是数学学会会议最积极的参与者。

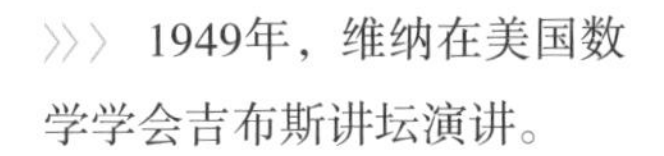

>>> 1949年，维纳在美国数学学会吉布斯讲坛演讲。

<<< 美国马里兰大学数学楼。诺伯特·维纳中心位于该楼圆形大厅的二层。

〈〈〈 1955年，维纳、巴洛（John S.Barlow）和罗森布里斯（Walter A. Rosenblith，1913—2002）在观察脑电波的自相关函数。

〉〉〉 1964年1月，维纳在白宫接受约翰逊总统颁发的美国国家科学奖奖章。维纳因“在纯粹数学和应用数学方面并且勇于深入到工程和生物科学中去的多种令人惊异的贡献及在这些领域中具有深远意义的开创性工作”而获此奖章。

瑞典斯德哥尔摩旧城。1964年3月18日，维纳在斯德哥尔摩讲学时，因心脏病突发逝世。

目　录

弁言 / 1

导读 / 1

序言　一个偶然性的宇宙观念 / 1

第一章　历史上的控制论 / 9

第二章　进步和熵 / 21

第三章　定型和学习：通信行为的两种模式 / 39

第四章　语言的机制和历史 / 61

第五章　作为消息的有机体 / 81

第六章　法律和通信 / 91

第七章　通信、保密和社会政策 / 99

第八章　知识分子和科学家的作用 / 117

第九章　第一次工业革命和第二次工业革命 / 123

第十章　几种通信机器及其未来 / 145

第十一章　语言、混乱和堵塞 / 167

导　读

胡作玄
（中国科学院数学与系统科学研究院　教授）

· Introduction to Chinese Version ·

我觉得有必要提醒读者《人有人的用处》出版的时代背景。当时是冷战时代，美苏之间有强烈的意识形态对立。同时由于原子弹的爆炸以及随之而来的军备竞赛，科学与科学家已走向历史的前台。这时，胸怀世界的维纳从学术的象牙之塔走出来，认真考虑世界的未来。他以控制论为武器，尖锐地批判美国的资本主义制度以及军事工业体制，显示出他个人的反抗。最后，他走向伦理、道德及宗教的问题，这些思想已在本书中有所反映，最终出现在他的《上帝与高兰合股公司》(1964)中。

ΕΠΙΣΤΗΜΗΣ ΚΟΙΝΩΝΙΑ
ΣΤ΄ ΚΥΚΛΟΣ ΟΜΙΛΙΩΝ
«Διπλωματία:
Η ιστορία και
λειτουργία της έως
τη σύγχρονη εποχή»
Αμφιθέατρο
Εθνικού Ιδρύματος Ερευνών
Ώρα έναρξης: 19.30

无疑，我们已经进入信息时代，可谁是信息时代之父呢？2005年出版的康威(Flo Conway)和西格尔曼(Jim Siegelman)合著的一本维纳的传记中，第一句话就是“他是信息时代之父”(He is the father of the information age)。这么一个短句用了两个定冠词，我无法把它们译成中文，只得把原文附上。当然我们不会对作者的意见有任何的误解，信息时代的开创者只有这么一位，尽管许多人并不认同，甚至那些享受信息时代美好生活的年轻人根本不知道维纳是何许人也。你想知道吗？看看这本书的书名和副标题：书名是《信息时代的隐秘英雄》(*Dark hero of the information age*)，副标题是“寻找控制论之父——诺伯特·维纳”(*In search of Norbert Wiener, the father of cybernetics*)。这本书的书名和副标题合在一起使维纳的身影凸现出来。在我们的心目中，的确有不少信息时代的英雄，从冯·诺伊曼(John von Neumann)，香农(Claude Elwood Shannon)到比尔·盖茨(Bill Gates)，唯独漏掉了这位深藏不露的隐秘英雄。也许正因为如此，我们才要查找他，探寻他，深入挖掘他的思想。他就是维纳——控制论之父。维纳之所以被认为开辟了信息时代之路，也正是由于他这部经典著作《控制论》。

究竟什么是控制论，也是一个众说纷纭、莫衷一是的问题。好在维纳在他的《控制论》中给出一个副标题“动物和机器中控制与通信的科学”，表明了他的出发点。也就是从动物、人到机器如此不同的复杂对象中抽取共同的概念，并用一种全新的视角，通过全影的方法进行研究。这样一来，原来属于不同学科的问题，在一门新学科——控制论的名义下统一了起来。从这个观点出发，控制论的对象是从自然、社会、生物、人、工程、技术等等对象中抽象出来的复杂系统。为了研究这些完全不同的系统的共同特色，控制论提供了一般的方法。这种方法接近数学方法，但比数学方法更为广泛，特别是用计算机进行模拟和仿真，这显然比传统的数学方法与实验方法对复杂系统有着更为有效的作用，而且适用范围也大得多。

◀维纳实验室

可以说，控制论是一个包罗万象的学科群。

1974年，苏联出版的两大卷《控制论百科全书》显示出控制论所涉及的多种多样的学科，由此也可以看出控制论与我们现在所处的信息时代以及信息时代出现的诸多新兴学科的亲缘关系。

■ 计算机科学

■ 信息科学

■ 通信理论

■ 控制理论

■ 人工智能理论

■ 一般系统论

■ 机器人学

■ 神经科学与脑科学

■ 认知科学

■ 行为科学

当然，这些还只是控制论的核心部分。它的应用范围几乎包括所有学科，其中与其他学科交叉形成的规范学科有生物控制论、工程控制论、经济控制论，等等。

在我们这个日益专门化、专业日趋狭窄的时代，能够建立这样庞大领域的人绝非一位普通的科学家，他必定是位百科全书式的人物。没有博大精深的学识，没有开拓创新的实力，根本谈不上能整合出这样一个庞大的领域，只有像维纳这样的天才，才能融会贯通数学、哲学、科学和工程等这么多领域的知识。当然，这源于维纳的教育成长历程、他的无可遏制的好奇心与求知欲，以及他的理论思维能力，尤其是他的数学能力。维纳的第二本自传《我是一个数学家》显示出他以作为一位数学家为荣，这不仅仅在于他的数学研究水平很高，还在于他能通过数学理解世界，也能理解任何哪怕是极为困难的学科。所有开拓信息时代的先驱几乎都具有非凡的数学头脑，许多人本身就是第一流的大数学家，维纳和冯·诺伊曼就是典型，单是他们的数学业绩已足以使他们名垂千古。还得补充一句的是：这些20世纪的数学大师在数学领域之内横跨多个领域，在数学领域之外也是博学多识。冯·诺伊曼精通历史，而维纳则精通哲学。正是他们带领我们进入信息时代。

维纳的生平

维纳的一生可以用他的两本自传来概括:《昔日神童》(1953),《我是一个数学家》(1956)。但是两书中都没有提到他的后十年。这里我们把他的生平分成三段叙述。

1. 昔日神童

读书早恐怕是神童最明显的特征,维纳的学习生涯也从这里开始。三岁半时维纳就会自己读书了,虽然还有困难,但他还是一本一本读了许多书。四五岁时他开始读科学读物,如《自然史》,以及讲述行星和光的书。这些是他科学的启蒙读物,正是这些读物使他产生广泛的兴趣。

后来成为数学家的维纳,数学的基础训练完全是靠父亲利奥一手教出来的。维纳对父亲的数学水平非常佩服。到其他小孩上学的时候,他的读、写、算等早期训练早已完成。维纳在七八岁时,已经成了一个无所不读的孩子。父亲五花八门、无所不包的藏书充分刺激了小维纳的好奇心和求知欲,对每一本到手的科学书,他都如饥似渴地阅读。

1901 年秋天,父亲把维纳送到附近的皮博迪小学读书,但他在小学没呆多久就退了学。从这时起,一直到将近 9 岁进中学(甚至进入中学以后)维纳的全部教育都是直接或间接由父亲指导的。这近两年的教育,可以说是这位天才的加强速成班。父亲为他制订严格的教育计划,其核心是数学和语言。数学由父亲教代数、几何、三角及解析几何,语言请一位家庭教师教德文及拉丁文。维纳的学习任务的确是完成了,不过,这种教育方式却留下了后遗症。由于读书过多,两眼疲乏,8 岁时他已经高度近视。他动作笨拙,不善交往,恐怕也是这种片面教育的结果。

1903 年秋天,他被送到艾尔中学读初中三年级,第二年年初便跳到高中一年级。他很感激艾尔中学时代的朋友们,他们使得维纳能在一个富有同情和谅解的环境中,度过自己成长的困难阶段。

在他进入大学之前,有两件事值得一提:一件事是他 6 岁时读过一篇文章，这曾在他幼小的心灵中激发起“设计仿生自动机的欲望”，我们感叹，控制论的苗头出现在20世纪初的一个小孩子心中真是何其早也！另一件事是他在中学的一次讲演比赛。他写了自己的第一篇哲学论文，题目为“无知论”，以哲学来论证一切知识都是不完全的。实际上这问题是认识论的中心问题，他的哲学思维的确早熟，这恐怕也是他天才的一部分。

1906年9月，不到12岁的维纳进入塔夫茨学院，开始了他的大学生活。进入塔夫茨学院而非与其近邻的哈佛学院，也是他父亲的主意。他父亲明智地认识到，哈佛的紧张的入学考试，以及随后对这神童的宣扬对这个神经质的孩子没什么好处。根据维纳的中学成绩表以及几项简单的考试(大部分是口试)，他被录取进入塔夫茨学院。

在塔夫茨学院，维纳主修数学，他自己感到他的水平已超过大学一年级水平。于是一进校就选择了方程论这门课，但学习起来有些吃力。而其他数学课程则大都是以培养工科学生为目标，对他来说在脑子里一闪而过，并没有什么困难。如果说他数学上还算不上天才的话，那么在工程方面他的确是个奇才。物理课和化学课以及工程实验对他更有吸引力。他曾动手设计粉末检波器和静电变压器，只有12岁的维纳达到这样的水平，的确是令人惊奇的。

由于维纳的父亲看到小维纳自学一些哲学，并且能流畅地使用一些哲学词汇，就鼓励他向这方面发展。在塔夫茨的第二年，他选修了几门哲学及心理学课程。对他产生影响最大的哲学家是17世纪唯理论者斯宾诺莎(Baruch Spinoza)和莱布尼兹(Gottfried Wihelm Leibniz)，特别是后者。维纳认为莱布尼兹是最后一位百科全书式的博学天才，实际上控制论的哲学思想也源自于他。

在塔夫茨学院的最后一年，维纳的兴趣又集中在生物学上。他选读了金斯利(John Sterling Kingsley)教授的“脊椎动物比较解剖学”这门课。他8岁曾读过这位教授写的《自然史》，从而对生物学产生了兴趣。在理论学习方面，维纳并没有遇到问题，他最善于领会事物的分门别类。但是一到动手做实验，就立即显出极大弱点。他的实验做得太快、太草率，更有甚者，有一次实验中因违反操作规程而把实验动物弄死了。他虽然没有受到惩罚，但负罪感始终伴随着他。最后，在1909年春天，他还是在数学系毕了业，这时他还不满15岁。

维纳大学毕业时，对生物学的兴趣比什么都大，坚持要上哈佛大学研究生院攻读动物学，他父亲勉强同意。他进入哈佛大学研究生院的目标是获取生物学博士学位。尽管他很博学、很聪明，可是这些品质对学生物学来说是远远不够的。他的实验工作糟得没法再糟，简直毫无希望。不过天真的维纳还真以为他"虽然有严重缺陷，但仍然可以对生物学做出一定贡献"，可是谁都看得出他不适合干这一行，除了他自己。有讽刺意味的是，维纳自己后来的控制论的确使生物学这门原先完全是观察和实验的科学得到些许的改变，从而给一些笨手笨脚但思维敏捷的人开辟了一块研究的空间。

维纳在生物学上的挫折，最终促使他父亲再次采取新的行动。父亲建议他转学哲学，他再一次听从了父亲的意见，但后来又抱怨他父亲没有慎重考虑，干扰了他自己的决定。1910年夏天过后，他取得康奈尔大学赛智哲学院的奖学金。在康奈尔的一年中，他选修各种课程，阅读大量原始文献。这一方面为后来跟罗素(Bertrand Russell)学哲学打下坚实的基础；另一方面，他学会了古典时期英国的文风，有助于形成自己的写作风格。康奈尔大学出版自己的哲学期刊，而研究生的任务之一就是把其他哲学期刊上的论文写成文摘，在该刊上发表。这种翻译工作对维纳来说是一种极好的训练，他不仅熟悉了各语种的哲学词汇，又了解了当时世界上流行的哲学思潮。因此对于这位未来的哲人科学家来说，只有哲学才是他真正得到系统的、比较严格的训练的科目。

作为他未来的事业——数学并不是这样。在康奈尔学习期间，他想跟哈钦森(John Irwin Hutchinson)教授学习复变函数论，但仍然感到心有余而力不足。这再次暴露出在数学方面，他的才能并不怎么突出。一年过去了，他没有能够再次得到奖学金。听到这个消息之后，父亲再次做出决定，要他转到哈佛大学哲学院学习。维纳原先指望，在哪里跌倒就在哪里爬起来，而父亲的决定，使这个本来就缺少自信的孩子更加缺乏自信。这类事情对维纳来说似乎是难以接受的，几乎把这个天才压垮了。他没有学会在这个人生阶段应该具备的自立能力及寻找平衡的技巧，反而觉得自己前途渺茫，被动地听从命运的摆布而随波逐流。

维纳在哈佛的两年，总觉得失意而不快，而在他父亲和别人看来，这却是成功的两年。他在1912年夏天取得硕士学位，到1913年夏天又得到哲学博士学位，这时，他不过18岁，也就是其他人刚考上大学的年纪。维纳在这两年中，受到了过去从来没有的最有价值的训练，特别是讨论班上有各种专业的人讲出他们的方法及其哲学意义，无疑预示着维纳后来的跨学科研究及哲学方法论研究的模式。在这里他结识各种人物，接触各种思想，对于像维纳这种有着广博知识、开放心胸以及兼收并蓄态度的人，必定是受益匪浅。许多伟大的思想也可以在讨论班上看到它的萌芽。

取得博士学位的关键当然是做博士论文并通过答辩。本来他想请罗伊斯(Josiah Royce)做他的指导教师，指导他做数理逻辑的论文，但因为罗伊斯重病在身，只好由塔夫茨学院的施米特(Karl Schmidt)教授来接替。教授出了一个在他看来颇为容易的题目，即比较施罗德(Emst Schröder)的关系代数和罗素及怀特海的关系代数。施罗德是19世纪逻辑代数传统的最后传人，他们的目标就是实现莱布尼兹的目标。莱布尼兹的目标有两个：一是建立普遍的符号语言，这种语言的符号是表意的，每个符号表达一个概念或一种关系或一种操作，如同数学符号一样；二是建立思维的演算，通过演算逻辑的推理，可以用计算来代替。当遇到争论时，可以通过计算机判定谁对谁错。后一种理想的方案首先由布尔(George Boole)在1847年开始实现，它的指导思想是逻辑关系和某些运算非常相似，据此可以构造出抽象代数系统，即所谓布尔代数，于是形成所谓逻辑代数这一学科。其后经多人改进，最后施罗德将布尔代数构建成一个演绎系统，特别是造成关系代数的系统。为此，维纳做了许多形式方面的工作，形成一篇合格的论文，最后顺利地通过考试。不过后来见到罗素以后，他才意识到自己"几乎漏掉了所有具有哲学意义的问题"。

维纳在哈佛的最后一年申请到了出国进修的奖学金。1913年夏天，维纳决定和父亲一起去欧洲。在欧洲，他主要听罗素的课，在罗素指导下工作。罗素开了两门课：一门是他的哲学课，即逻辑原子论；一门是阅读课，读的是他的《数学原理》。

除了这些直接影响之外，罗素在两方面对维纳有着决定性的影响。

一是罗素作为科学派大哲学家，能真正对当时物理学的大变革予以充分的肯定评价，并指出他们的哲学意义。他曾建议维纳去读爱因斯坦在1905年发表的三篇著名论文，一篇是狭义相对论的，一篇是光量子论的，这两篇都是直接推动物理学革命的划时代的论文；第三篇是关于布朗运动的，它在物理学上名声似乎没有前两者响亮，可偏偏是这篇论文后来影响了维纳在数学领域的开创性工作。维纳承认自己对于物理，例如电子理论，理解起来很困难，这再次显示非科班出身的天才的一大缺陷。可是罗素对于后来成为数学家的维纳，却有着间接并且是决定性的影响。一开始罗素就从学习数理逻辑出发，希望他选修一些数学课，正是这些课才真正给他打下近代数学的基础。

在高等数学方面，维纳实际上并没有受过严格训练，幸好维纳碰到了罗素的同事，英国大数学家哈代(Godfrey Harold Hardy)。他是一个好教师，能清楚而细致地把学生引导到最新领域，其中包括对维纳至关重要的一些概念，其中之一就是勒贝格积分。维纳本来要在剑桥呆一年，但由于第二学期罗素已接受哈佛大学的邀请去美国访问，维纳也打算离开剑桥。在罗素的建议下，维纳前往格丁根大学学习。1914年夏季学期他是在格丁根度过的，他听希尔伯特(David Hilbert)和朗道(Lev Davidovich Landau)等大家的课，并从数学图书馆和数学讨论班中获益匪浅。他体会到，“数学不仅是在书房中学习的一门学科，而且是必须加以讨论，并把自己的生命投入其中的一门学科”。在格丁根，他结识了许多年轻的数学家。可以说，维纳在“博士后阶段”才掌握一些大学的基础数学。

1914年夏天第一次世界大战打响，维纳在欧洲的学习难以为继，于是经颠簸的旅行后于1915年3月回到纽约。1915年秋天，他被任命为哈佛大学哲学系的助教。由于教学任务繁重，他再也不像以前那样多产了，而且处处受到歧视。一位广博的天才往往总要被人讥讽为半瓶子醋的，这时期可以说是在任何一个专业领域他都前途渺茫。在这种情况下，又是他父亲替他作出决定，由哲学转向数学。他自己并不乐意，但对父亲的意志并不愿违抗。他开始定期参加哈佛数学会的活动，结识了当时哈佛的名流。

1916年，哈佛组织了一个军官训练团，称为哈佛军团。维纳出于某种考虑,参加了这个军团。他接受艰苦的军事训练,在大冬天穿着单薄的夏天军服,雪中跋涉并接受单兵训练及班组训练;春天继续在室外操练,并进行实弹射击;夏天他去普莱茨堡接受军训。但最后,他既没有学到什么技能,也没有被授予军官军衔,他再一次尝到了失败的苦果。1916 年秋天,他父亲又给他找了一个缅因大学数学系讲师的职务,看来该稳定下来了,不过对他来讲,这又是一场噩梦。他对付不了这些与他年纪相仿的桀骜不驯的学生。1917 年 4 月,美国参战之后,他申请离职并想去军事部门工作,但因视力不好多次未获准应征入伍。每到一个新地方,他的情况不但没有好转,反而每况愈下。

1917 年夏天,他还是文不文,武不武,闲来无事,于是去读数学。22 岁对于学数学已老大不小了,但他还没怎么上路,却像一些业余数学爱好者一样,试图去解某些数学大难题。他试着证四色定理、费马大定理和黎曼猜想,以他的有限知识,其结果可想而知。最后他又回到坎布里奇。由于战争,当时要想找一个长期的事做根本不可能,更何况他这位没有“专业”的杂家了。大学不行,参军不要,维纳只好退而求其次,到工厂找点工作。他父亲深知孩子的问题,认为他在工程方面恐怕也不会有什么出息,于是又开始为他四处寻找工作了。

利奥以前曾为《美国百科全书》撰写过一两个条目,通过这种关系,他为维纳要来一份聘书,要他去当撰稿人。说老实话,对于这位百科全书式的天才,干这个事是最合适不过的了。维纳喜欢《美国百科全书》所在地奥尔巴尼,喜欢这里的同事和上司,喜欢这份工作,也喜欢他自己所有的独立感。在这里他写了“美学”、“共相”等二十几个条目,登载在 1918—1920 年版的《美国百科全书》上。其中他写了一条叫“动物的化学感觉”,多少预示着后来的通信理论。

1919 年春天,经过几年的波折之后,维纳对自己有了新的认识。对于失败,他开始能够适应,并表现得满不在乎。他认为:“雇工的经历使我能得到独立,而这是其他方式无法取得的。我不仅自力更生,而且完全是以不求助父亲的方式自己谋生的。总之我是在远离家庭和没有父亲庇护的情况下谋生的。”25 岁的维纳虽然还没有安身立命的所在,但他的心理状态已趋于成熟。

2. 数学家

维纳的第二本自传题目叫《我是一个数学家》，显然他以自己是一个数学家而自豪。不过从他前25年的经历来看，虽说是个天才，但很难说是个天才数学家。

1919年年初，战争刚刚结束，美国新英格兰地区流行性感冒盛行。他的妹妹康斯坦斯的未婚夫，哈佛大学一位很有前途的数学家格林（Gabriel Narcus Green）在这场流感中不幸去世。康斯坦斯也攻读数学，格林的父母就把格林的数学书送给她留作纪念，其中大部分是在20世纪初开辟现代数学新方向的著作，如积分方程的著作、奥斯古德（William Fogg Osgood）的《函数论讲义》、勒贝格（Henri Léon Lebesgue）的《积分论》、弗雷歇（Maurice-René Fréchet）的《抽象空间论》等。这些著作代表着当时数学的前沿，比大学正在教的经典数学高出一大块。1919年夏天，失业的维纳恰巧读到这些书，一下子找到了通向数学世界的窗口，他认真攻读格林的这些书以及勒贝格的《积分讲义》等书后，说"这是我平生第一次对现代数学有真正的了解"。实际上，无论是哈代，还是希尔伯特，还是哈佛的教授，都没有把他带到这个前沿，只是这次偶然的机会，才把他引向现代分析数学的彼岸。

1919年秋天，已经快25岁的维纳开始安顿下来。由于哈佛大学数学系奥斯古德教授的推荐，哈佛的近邻麻省理工学院数学系聘他当一年讲师。奥斯古德教授推荐维纳，仅仅因为他是利奥的好朋友。然而维纳在麻省理工学院一呆就是40年，从长期的观点看，与其说麻省理工学院收容了维纳，倒不如说维纳使麻省理工学院增光。

在麻省理工学院，维纳每周要教二十多课时的初等微积分，不过那时他精力充沛，并不觉得是个沉重的负担。他的数学研究也刚刚走上正轨，而且处于由逻辑及基础领域转向分析领域的转折关头。1919年到1934年，维纳工作的中心是"硬"分析。这15年间，维纳可以当之无愧地被其他数学家认为是"务正业"，也就是说，像其他数学家那样集中精力，心无旁骛，踏踏实实写像样的数学论文。维纳毕竟是天才，他的分析工作使他享有国际声誉。而他的同事，即使在美国也最多算二三流。

但维纳这时刚刚对数学有一点了解，要做研究还得有人指点，而最好的指点就是出一个好题目。1919 年夏天，维纳遇到摩尔(George Edward Moorè)的学生巴尼特(Charles L Barnett)，巴尼特建议他研究"函数空间的积分问题"。维纳后来说"他的建议对我以后的科学生涯产生了重大的影响"，它不仅使维纳开辟了一个新方向，而且还引导维纳到更多、更重要而且富有成果的问题上。这个新方向就是为爱因斯坦的布朗运动理论建立数学基础，从而使布朗运动成为通向随机过程理论的前沿。

1926 年，维纳与父亲的学生玛格丽特在费城结婚。随着两个女儿的出生，他更稳定地进入了家庭生活。他期待升职及改善经济状况，但 1927 年他还是助理教授。他在英国著名的科学杂志《自然》上看到伦敦和澳大利亚的教授招聘广告，于是在 1928 年申请澳大利亚墨尔本大学教授职位。尽管有当时世界第一流的数学家希尔伯特、哈代、卡拉提奥多瑞(Constantin Caratheodory)、维布仑(Oswald Veblen)等人的推荐信，但还是没有被聘用。1929 年，他在职的麻省理工学院把他升为副教授，时年已 35 岁。三年之后，他升为正教授。看一下他的著作目录，这三年他和往常一样，发表了十几篇"杂文"，像《数学与艺术》、《回到莱布尼兹!》等等。可是他还写了三篇大论文。一篇是具有国际水平的瑞典的《数学学报》(*Acta Mathematica*)上登载的《广义调和分析》，一共 140 多页，它开创了一个新方向。一篇是登在美国最优秀的杂志《数学年刊》(*Annals of Mathematics*)上整整 100 页的大论文《陶贝尔型定理》，它开创了又一个新方向。第三篇论文只有 10 页，是同霍普夫(Eberhard Hopf)合作，用德文写的，发表在德国《柏林科学院院报》上，讨论的是一类奇异积分方程，它也开辟了一个新方向。这可以从后来专业术语的命名看出来——这类方程被称为维纳-霍普夫方程，与此对应的维纳-霍普夫技术应用到了多个学科领域。

1933 年维纳被选为美国国家科学院院士，这是科学家的至高荣誉。可是事情到了维纳那里又出了新花样，他因不满意科学院的官僚体制而于 1941 年向科学院院长提出辞呈。也是 1933 年，美国数学会把分析数学的最高奖博歇奖颁给他和莫尔斯(Marston Morse)。维纳得奖还是由于他在广义调和分析及陶贝尔型定理的工作，他的工作可以说达到当时硬分析的顶峰。1934 年维纳被选出做这个论题的报告，他的题目是"复域的傅立叶分析”，专著也于同年出版。而到了1940年以后，维纳主要的研究完全转向了应用数学。

3. 控制论

从1939年9月第二次世界大战起，美国科学家开始组织起来，维纳也不例外。1940年，他被国防研究委员会任命为机械和电气计算工具领域研究的总顾问以及国防研究委员会的科学研究与发展局的统计研究小组运筹实验室的顾问，这个小组设在纽约哥伦比亚大学。美国数学会也成立备战委员会，维纳出任顾问。1940年，他主要是参与计算工具的设计，并于年底提出一个备忘录。遗憾的是，他的许多先进思想并没能及时实现。显然，科研行政管理官员与科学家对科学研究的重要性的看法不同。

1940年年底，在麻省理工学院设立了考德威尔(Caldwell)领导的研究小组，研究防空火力控制问题。维纳解决了这个纯军事问题。在这个过程中，他同毕格罗(Julian Bigelow)密切合作，取得了富有成效的结果。毕格罗原是国际商用机器公司(IBM)的工程师，从1941年年初到麻省理工学院协助维纳工作。在1942年12月的给防空旅主要负责人威费尔的报告中，维纳称赞毕格罗在理论工作及数值计算方面的帮助是巨大的，特别是在装置设计尤其是发展电路技术方面的贡献是不可或缺的。维纳与毕格罗的工作远不限于此，特别是他还解决了滤波器的设计问题，并把它变成统计力学问题。

维纳和毕格罗合作研究防空火炮的工作持续了两年之久，其间他仍然参加罗森勃吕特(Arturo Rosenblueth)的讨论班。他们发现通信理论和神经生理学之间的密切关系，由此，三个人写出著名论文《行为，目的和目的性》，实际上是控制论思想的一个导引。

1943年，维纳结识了控制论的另外两位先驱麦卡洛克(Warren McCulloch)和皮兹(Walter Pitts)。同年，维纳把皮兹请到麻省理工学院，同他一起研究。他们在1943年到1948年的合作，对于维纳的思想发展起着重要作用。他在《控制论》中也谈到麦卡洛克与皮兹在1943年的经典工作“神经活动中内在思想的逻辑演算”。这在计算机和智能方面是开创性的。

继1942年在纽约召开的“关于神经系统中中枢抑制问题”会议宣告他们的合作之后，1943年冬天在普林斯顿召开了迈向控制论的会议，不同学科的人形成了一个控制论运动。在第二次世界大战战火正酣，从原子弹到计算机各种迫在眉睫的研究大力进行的时候，科学和哲学却酝酿着一次大突破。也正在这时，维纳清醒地意识到战后自动化社会的途径，他的控制论思想已经成熟了。

在战争期间维纳搞的几项工作，恰恰也是他控制论的四个来源：计算机设计、防空火炮自动控制装置的理论、通信与信息理论和神经生理学理论。

计算机设计　在计算机历史上，维纳常常是被忽略的人物。早在他访问北平期间，他同布什（Vannevar Bush）就有着许多信件往来，讨论计算机问题。而在当时，布什是制造计算机的电机工程师，1927年起，他与人合作制造微分分析器，这正是最早的模拟计算机。但模拟计算机在普遍性、速度及精确度三方面都有局限性。因此维纳认识到要克服这些困难，模拟计算机就必须数字化，这是解决问题的关键。他也明确地认识到，必须使每个基本运算过程的精度提高，才能不因为基本运算过程大量重复而导致误差积累，使得结果的精确度完全丧失。为此他提出了下列建议：

（1）在计算机中心部分，加法和乘法装置应当是数字式的，如同通常的加法机一样，而不像布什微分分析机那样。

（2）开关装置的元件应当用电子管，而不用齿轮或机械元件来做，以便保证更快速的动作。

（3）加法和乘法采用二进制，比起采用十进制来，在装置上大概会更为经济些。

（4）全部运算步骤要在机器上自动进行，从把数据放进机器的时候起到最后把结果拿出来为止，中间应该没有人的干预，所需的一切逻辑判断都必须由机器自身做出。

（5）机器中要包含用来储藏数据的装置，这个装置要迅速地把数据记录下来，并且把数据牢固地保存住，直到清除掉为止。读出数据要迅速，而且又要能够立刻用来储藏新的材料。

维纳虽然没有在计算机的研制方面显身手，但是他的计算机的思想却成了控制论的最早来源之一。

防空火炮自动控制装置的理论 当时，有两个重要问题摆在维纳面前：一是寻找某种方法能够比较准确地预测飞机未来的位置；二是要设计一个火炮自动控制装置，使得发现敌机、预测、瞄准和发射能连成一气，并协调地完成。

维纳的这些成果在1942年12月终于完成，而且写成一份报告。由于封面是黄皮，而且数学艰深，工程师看了莫名其妙，被戏称为"黄祸"。它在美国军事研究和一般的民用设备中得到广泛的应用，但长期以来保密，未公开发行。一直到1949年这本"黄祸"才以《平稳时间序列的外推，内插及光滑化及其在工程上的应用》的书名出版。

通信与信息理论 首要的问题就是要尽可能滤掉噪声，还原消息的本来面目，这就是所谓滤波器。维纳在"黄祸"一书中，同时也研究这个问题，用的是维纳关于预测的想法。

一般认为，信息论的创始人是香农，他给出了信息的定量量度。但香农自己说："光荣应归于维纳教授，他对于平稳序列的滤波和预测问题的漂亮解决，在这个领域里，对我的思想有重大影响。"

与香农的离散观点不同，维纳是从连续观点来定义信息量的。他的理论来源于滤波器的设计。他的观点同冯·诺伊曼一样，把一个系统的信息量看成其组织化程度的度量，而一系统的熵，则是无组织程度的度量。这样他得到与香农定义等价的信息量，只不过香农的求和变成了维纳的积分。

神经生理学 维纳在同毕格罗合作研究高射炮手协调行动时，得出一个重要结论，就是随意运动（或自主运动）的重要因素就是控制工程师的所谓反馈作用。当我们期望按某个方式运动时，期望的运动方式和实际完成的运动之间的差异被当做新的输入来调节这个运动，使之更接近期望的运动。例如要去捡一支铅笔，我们动员身上一组肌肉实现这一动作，为了不断完成这个动作，必须将我们与铅笔之间的差距随时报告大脑，然后通过脊髓传达到运动神经缩小这个差距，而当反馈不足时，就无法完成这个动作。例如由中枢神经系统梅毒病导致的运动性共济失调病人就有这种情况。维纳和毕格罗估计还有另外一种病态，即反馈过度而引起震颤。他们请教罗森勃吕特，果然有这种情形。病人因小脑受伤，在做捡铅笔一类的随意动作时就会超过目的物，然后发生一种不能控制的摆动，这种病称为目的性震颤。

这样他们对中枢神经系统的活动得到一个整体的概念。它不再是过去认为的那样由感官接受输入又传给肌肉运动中的中介器官，而是大脑指挥肌肉运动后再通过感官传入中枢神经系统的闭路过程，也就是形成反馈过程。

维纳的《控制论》在1948年出版。当时是在法国与美国同时出版，以法文版为主。英文版中有许多错误，在1961年第二版时作了更正。从第二版的序言中，可以看出维纳的心路历程。

在第二次世界大战期间出现的学科群中，维纳的控制论和香农的信息论有着坚实的数学和物理理论基础。因此，它们有足够的发展空间。然而，把一个理论泛化成为许多分支的基础则会有许多哲学上和技术上的困难。不过，维纳还是这样做了。另一方面，维纳最先表现出对未来自动化社会中人的关心。1950年他出版《人有人的用处》对于控制论的普及起着重要作用。

第二次世界大战之后，科学登上了前台。科学家也分成鹰派和鸽派。许多著名人士反对战争，反对核武器，反对军备竞赛，维纳就是其中的一员。而有些流亡者，特别是匈牙利的一些犹太人如氢弹之父特勒(Edward Teller)和计算机之父冯·诺伊曼，他们是不同程度的鹰派。亥姆斯的书就以此将维纳与冯·诺伊曼进行了对比。

战后，维纳对控制论的研究使他疏远了数学界，尽管他仍然从事数学研究，特别是非线性滤波理论。这些研究于1958年结集出版，名为《随机理论的非线性滤波》。然而，他仍然受到方方面面的尊敬。美国最高的科学荣誉，由总统颁发的科学奖章，第一届在1964年颁发，他是五位获奖者中的一位。

维纳晚年到世界各地访问。1960年曾访问苏联，1964年3月14日在瑞典访问期间心脏病突发，在斯德哥尔摩去世。

控制论简介

维纳为他的新领域选择一个新词——cybernetics，遗憾的是中文译名“控制论”使中国读者的理解产生了混乱。一是因为在数学领域中存在一门名为 control theory 的分支学科，直译的话恰好同名，我们不得不将 control theory 译成“控制理论”以示区别；二是因为“控制论”这个译名并不能充分反映 cybernetics 一词的丰富内涵。

维纳使用的“控制论”来自希腊文，原文为舵手、掌舵者，而指的是动物和机械中的通信与控制理论。

维纳后来才知道物理学家安培（André-Marie Ampère）早已用过这个词。众所周知，安培为鼎鼎大名的物理学家，他的电磁理论对电动力学的发展有着决定性的作用。不过很少有人知道，他还是位科学哲学家。在 19 世纪 30 年代，科学从自然哲学中刚刚解放出来，出现了实证主义思潮，这可以孔德（Auguste Comte）六大卷《实证哲学教程》（1830—1842）的出版为代表。无论是孔德还是安培，都关心科学的分类，更确切地说，关心学科分类问题。因为在他们看来，科学与自然并不相同。一句话，科学只是人类认识。自然的分类以及自然本身，不能代替科学分类与科学史。安培晚年曾经写了一本著作《论科学哲学或人类全部知识的自然分类的分析论述》，分成两部分，在他去世后分卷出版（1838，1843）。他的分类大致如下：

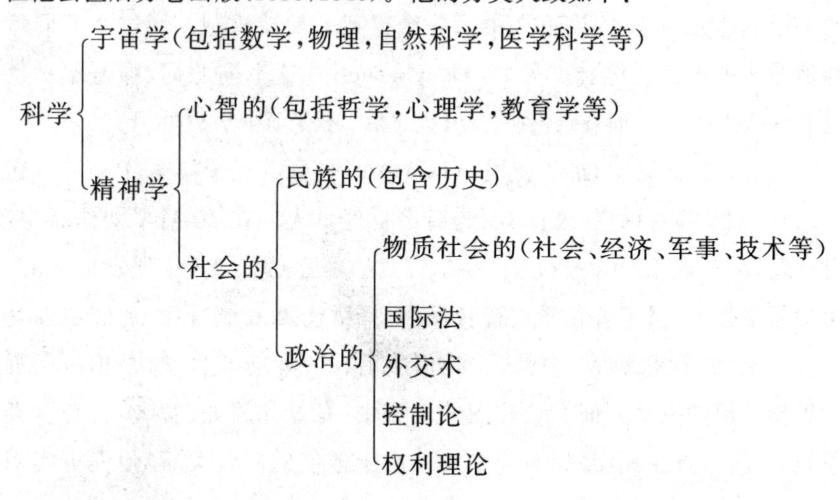

他说他“所谓的控制论来源于 κυβερνήτης(拉丁化为 kubernêtês),其最早的狭义语是操纵船的技艺,最后发展成广义语义——一般统治的技艺(希腊文也有此义)”。这里统治的原文是 govern,这词在英国早已使用,特别是瓦特(James Watt)在 1784 年申请离心调节器专利也用的是 governor。但是安培似乎没有觉察到下面两点:

(1) 在政治领域之外还存在调节过程;

(2) 调节过程的关键要素是信息反馈。

当然,在安培那个时代这是可以理解的,因为那时候连“能量”的概念都没有,更不用说信息的概念了。更为明显的是,安培的分类表中虽然列有军事技艺或技术(他用的是 art 一词)及外交术(diplomatics),却没有工程(engineering)一词,这的确显示了他的局限性。实际上,蒸汽机的运转主要靠的是离心调节器来调节,这恐怕也是工程控制的关键所在。当时工业规模太小,恐怕还谈不上控制调解,因为安培活着的时候火车还是一个新生事物。

维纳在写书之时,最早并没有选择 cybernetics 这个词。他当时更多地把这一领域看成是消息的理论,因此他认为最好的书名是用表示传递消息的信使的希腊文,但是唯一的希腊字是 angelos,翻译成英文就变成了天使(angel),也就是上帝的信使。他不愿意用这个词,这才选上了 kybernetics。而且他认为拉丁字 governor 一词是从这个希腊词转译而来。他选用这词是为了纪念麦克斯韦(James Clerk Maxwell)在 1868 年发表的关于调速器的论文,该论文中第一次提到了反馈机制。用这个词俨然与他的初衷不完全符合。另外,对 cybernetics 这个词的词源,他似乎也没有深入地探讨。而在《控制论》出版之后,才有不少历史的研究。

在现存的典籍中,最早使用 cybernetics 一词的是柏拉图(Plato)。在他现存的 35 篇对话中,公认有 23 篇出自他本人。在 10 篇早期作品中,有一篇《高尔吉亚》(*Gorgias*)。高尔吉亚约是公元前 483 年到公元前 375 年的希腊哲人,属于智者派。智者派,一译辩士派或诡辩派,他们主要是传授辩论术、语法、修辞术的人。他们生活在公元前 5 世纪,是柏拉图哲学思想来源的一个方面。柏拉图的对话中,有好几篇如《智者》、《普罗泰哥拉》、《高尔吉亚》就是针对他们的。由于他们的职业关系,他们更实用主义一些，重视修辞术、辩论术等实务，而对哲学持怀疑态度。当然这与柏拉图的观点大相径庭。在《高尔吉亚》中，柏拉图用 cybernetics 的意思就是航行技术和修辞技术。在这两种活动中，目的都是"控制"，而技术的关键问题都是"信息反馈"。在航行中要有海浪对船的冲击，在辩论中要看听众的鼓掌、喝彩，不过这也不能说柏拉图就是控制论的先驱，因为他并没有说过消息的传出传入的闭路是航行与修辞的共有特征。不管怎么说，cybernetics及其衍生词是个老词，在荷马史诗及希腊先哲的著作中常用到——从具体的驾船以及驾车（柏拉图在《泰阿热篇》）一直到隐喻意义上的引导控制与统治。这样看来控制论的先驱不少，他们强调了其不同方面。在研究其历史的过程中，许多名不见经传的人及著作也被挖掘出来。一位罗马尼亚的军医奥多伯莱亚（Stefan Odobleja）1938 年曾写过一本书《协调论心理学》（*Psychologie Consonantiste*），力图把心理学建立在协调概念的基础上，而这些协调靠不断反馈来保持。他用"可回归性"这词来表示反馈，他强调反馈或闭回路的重要性，这是他独创之处。不过他不了解工程上的反馈，而且把反馈耦合解释为能量传递过程而不是信息过程，这使他的贡献大打折扣。

因此只有到维纳《控制论》一书出版以后，控制论一词才把过去不同的要素联系在一起，并且用哲学而不是专门技术的观点来概括，从而使一门新领域正式诞生：

——操纵和控制的技术（瓦特）

——控制，管理，统治的技术（安培）

——反馈回路（奥多伯莱亚）

——消息，信息（维纳和香农）。

正是维纳把互不相关领域的要素统一起来上升到一个新高度。不仅如此，他还明确提出控制论的四个原则：

（1）普遍性原则。任何自治系统都存在相类似的控制模式，普遍的机械化及自动化观点。

（2）智能性原则。认识到不仅在人类社会而且在其他生物群体乃至无生命物体世界中，仍有信息及通信问题。

（3）非决定性原则。大宇宙、小宇宙的不完全的秩序产生出目的论及自由。

(4) 黑箱方法。对于控制系统,不管其组成如何,均可通过黑箱方法进行研究。

同控制论的概念一样,这些原则也有或长或短的历史。换句话说,在整个文明史中,特别是近代文明史中,控制论的思想都或多或少、或明或暗地表现出来,只有维纳才能以大哲的广博知识和深刻思想把它们纳入一个蓬勃发展的领域。

《行为,目的和目的论》一文可以说是控制论的一个纲,这篇论文的目的有两个:一是强调目的概念的重要性,一是定义行为主义的研究方法,实际上这就是所谓黑箱方法。

维纳等人是把行为主义方法作为功能主义方法的对立面来提出的。功能主义方法主要研究一个对象的内在结构或内在组织,研究其种种属性,而对象与环境之关系则处于次要地位。而行为主义的方法恰好相反,主要强调对象与环境之间的关系,而不考虑其内在结构与组织究竟如何,以及它们是如何完成一系列任务的。由此可见,它们一个着眼于内在性质,一个着眼于外在变化,着眼点是根本不同的。行为主义的方法也是与传统研究自然对象方法很不一样的。

这里我们需要更确切地讲一下这种不同寻常的方法。实际上我们研究一个对象和它与环境的关系,首先要把对象从环境中分离出来,也就是要明确什么是对象,什么是它的环境。对象与环境之间有两种作用:一种是输入,一种是输出。输入是环境以某种方式使对象变化,而输出则是对象以某种方式使环境发生某种变化。行为主义方法的研究重点就是研究对象的各种可能的输出,特别是这种输出与输入的种种关系。而所谓"行为"就是我们的对象相对于它的环境做出的任何变化。这种变化或许是因某种输入而引起的,因此一个对象可以从外部探知的任何改变都可以称之为"行为"。这篇论文的主要篇幅用来对"行为"进行分类,它大致可以概括在下面的表中:

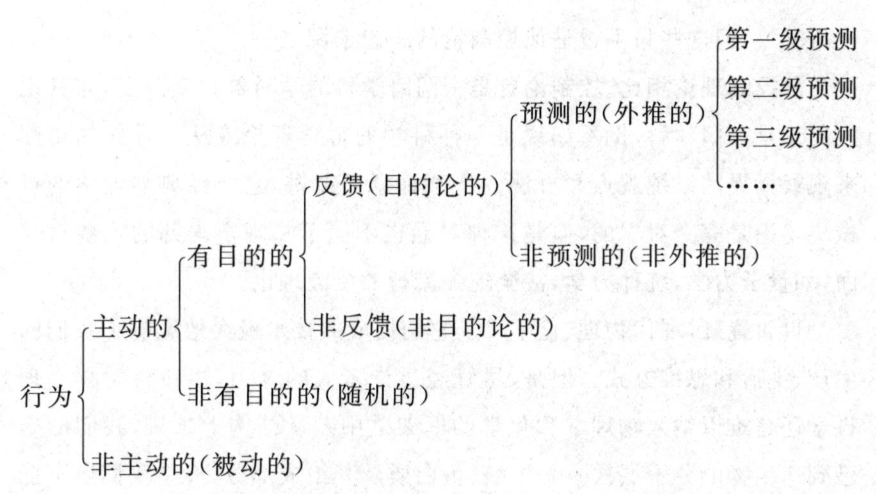

除此之外,还可以有基于其他标准的分类,如线性与非线性,连续与离散,按行为的自由度来分类,等等。

从方法论上来看,维纳把两类迥然不同的对象——机器与有机体——放在同一概念体系下来考虑,这是他在思想上的最重要的变革。“目前,对于这两类对象所用的研究方法是类似的,它们是否应该永远相同,要看是否有一个或一个以上本质上不同的,独一无二的特征出现在这一类而不出现在另一类之中。这类质的区别迄今尚未发现。”不过,这只是说,从行为主义的分析中找不到区别,而从结构功能主义分析中,机器与有机体显然大相径庭。近半个世纪以来,我们对有机体的结构已经知道得细致入微,不过,还是不能彻底驳倒维纳的主张:存在能学习的机器,自繁殖的机器,等等。

虽然维纳在1948年才出版他的名著《控制论》,可是消息、噪声、反馈、通信、信息、控制、稳态以及目的论等概念早已在这位杰出思想家的头脑中成熟并统一起来,直到最终完成了“控制论”(cybernetics)这个点睛之笔。

由于汉语翻译的原因,我们常常把控制论与大约同时出现的一个技术科学领域——控制理论(control theory)混淆起来。控制理论来源于比较具体而实际的问题,从蒸汽机的自动调节,温度的自动控制到导弹的自动制导等,在这些问题的基础上建立起物理和数学模型,进一步发展成为现代控制理论。其中许多问题,如防空火炮的平滑、滤波预测问题,维纳也研究过,但这些只不过是他控制论的思想来源之一。

与控制理论相比,控制论更是一门跨学科的学科群。实际上,与其说控制论是一门学科,倒不如说是一种科学的哲学理论或从一种新的角度来观察世界的系统观点和方法。从某种意义上讲,它与经典物理学的机械决定论是完全对立的,但是这种对立也不同于物理学内部的一些对立面,如量子力学,统计力学,甚至现在流行的混沌理论。

毋庸置疑,现代物理、化学以及它们促成的技术极大地影响了我们的生产、生活和思维方式。但是,尽管经过许多人的努力,生命科学和心理科学还是难以纳入物理学和化学的框架之中。从结构上来讲,我们的确已到达生物的分子层次——核酸、蛋白质及其组成部分,可是我们还不能理解"生命是什么","智能是什么"。我们虽然可以合成多肽、多核苷酸甚至简单的蛋白质和核酸,可是我们还不能合成一个活细胞,也不能"设计一个脑",至少眼下还不能造一个"智能机器人"。

维纳正是从这些问题出发来创立控制论的。他深刻地认识到,仅用物理和化学的概念来阐释生命现象及心理现象是不够的,他需要一套全新的概念,这就是信息、通信、控制和反馈。

对于生物体或有机体,维纳打了一个比喻:有机体是消息,生命体与混乱、瓦解、死亡相对立,正如消息同噪声相对立一样。对于有机体,机械论的观点是把它们一步一步分解到最后,把它们每个局部搞清楚,有机体无非就是局部的总合。但是控制论的观点则力求回答整体问题,即揭示其模式。有机体越成为真正的有机体,它的组织水平越不断增加,因此它成为熵不断增加,混乱不断增加,差别不断消失这个总潮流的过程,这就称为稳态。

以人体来说,作为一个活的有机体,我们不断进行新陈代谢,组织器官都在不断地变化。换句话说,构成我们躯体的物质并不是不变的,不变的只是模式,这才是生命的本质。

模式就是消息,它也可以作为消息来传递,这一点已经被后来的生物学充分证实。在维纳所处的时代,还只处于科学的思辨阶段,而现在则有更多的证据。历史上人们对于遗传的本质认识不清,总把精子和卵子看成小的胚胎。到摩尔根(Thomas Hunt Morgan)时代,则认为是化合物的传递。一直到1953年"DNA的双螺旋结构"出现以后，才明确由亲代传递给子代的是信息，而信息是在基因上编码，由不同的核苷酸来体现，好像由4个字母写成的大书。果蝇的全部密码已经被解读出来了，现在世界正全力以赴解开人的这些密码。第一步工作只是得出几十卷"百科全书"式的电报密码，下一步还要把它解读出来，这就是语义学问题。从某种意义上来说，一个有机体的全部信息都在这个密码本上记录着。人的一生无非是由这个密码按照一定的规则表达出来而已。看来维纳的控制论的确抓住了生物学研究的大方向。生物体的各种过程差不多都是为了达到稳态的调节与控制过程，这在维纳的《控制论》中有充分的论述。

从本质上讲，控制论就是通信的理论，因此，维纳控制论的第二个来源是通信理论就不足为奇了。通信问题中包含理论问题和技术问题，由于通信无非是传送消息，而传送消息一是要准，二是要快，但二者往往是鱼与熊掌不可兼得，因此通信理论自然就围绕这两个问题开展。

通信过程中的准确或者不失真当然是头等重要的大事，但是消息在传送过程中不断有噪声干扰，使原来发送的信号失真，因此首要的问题就是要尽可能滤掉噪声，还原消息的本来面目，这就是所谓滤波问题。维纳在解决这个问题的过程中运用了统计方法，从而导致信息量的统计理论的产生。

维纳控制论思想的另外两个来源是神经生理学和电子计算机。现在很少人知道，维纳也是电子计算机的先驱之一。从这些研究中，他深刻地理解输入、输出和反馈的概念，这些构成了控制论的基本概念。

控制论的四个来源很早就被许多科学家分别研究过，而只有维纳最后将它们概括成为一个思想体系。他的哲学基础则是目的论，而这在科学界的人看来纯粹是异端。

在专家之中，这位有着百科全书的知识以及博大精深的思想家常常得不到应有的理解和承认。但有趣的是，他的一些观点颇有预见性：

(1) 维纳在50年前，首先提出"自动化"的概念。现代产业自动化已经随着电子计算机的普及有相当程度的实现，可是在当时第一代计算机才刚刚问世，其功能也很原始，应用领域极为有限。大多数国家，特别是发展中国家还远远没有解决工业化、机械化、电气化等问题，这些还都是建立在“物质”与“能”的概念基础上。这时维纳已经清楚预见到建立在“信息”、“通信”、“控制”、“反馈”等概念和技术上的“自动化”，这远远超出了当时人们的认识水平。而这50年的发展则证实了维纳的先见之明。

(2) 维纳的控制论开创了研究生命科学、心理科学乃至社会科学的新思维，建立了诸如生物控制论、脑控制论、经济控制论等新领域，并取得了一系列成就。

(3) 从20世纪五六十年代起，维纳进一步预见了“后控制论”时期的科学和技术课题，其中有些课题最近才成为热门。1960年维纳访问苏联时，对于控制论面临的重要问题，他提出“首先是研究自组织系统，非线性系统以及同‘生命是什么’有关的那些问题”，并提到这三者是一回事。维纳作为一位大数学家对于线性系统有许多贡献，而且清醒认识到非线性系统的重要性以及技术上的困难。维纳本人也进行了许多研究，其中之一就是他在1938年首先发表以“混沌”(chaos)为题的论文，虽然他的混沌与现在的概念还不太一样，但他多少把混沌作为科研课题提上了日程。

(4) 维纳的最终目标是实现所谓“智能机”问题。虽说现在许多领域和技术均贴以“智能”的标签，但现有的机器同最简单的“智能机”仍有一道鸿沟。维纳指出，智能的首要问题是“学习”，而这是现在机器还无法办到而且许多科学家或哲学家认为根本无法办到的。维纳持乐观的态度，他指出“真正惊人的，活跃的生命和学习现象仅在有机体达到一定复杂性的临界度时才开始实现，虽然这种复杂性也许可以由不太困难的纯粹机械手段来取得，然而复杂性使这些手段自身受到极大的限制”。现在的手段已同当时不可同日而语，而更重要的是，他预示了“复杂性理论”，它从80年代起已成为一门新科学。

本书内容及相关背景

维纳的《人有人的用处——控制论和社会》在1950年出版，距离他的主要著作《控制论》的出版只有两年。在这两年当中，香农等人已经把他的一些观念发展成后来的信息论。这样，他在《人有人的用处》一书中对此更进一步发挥，目的“在于阐明我们只能通过消息的研究和社会通信设备的研究来理解社会；阐明在这些消息和通信设备的未来发展中，人与机器之间、机器与人之间以及机器与机器之间的消息势必要在社会中占据日益重要的地位”。

不过，单从这点来看《人有人的用处》是远远不够的。在这本书中，维纳不仅为研究社会提供了一个全新的观点及方法，而且还描绘出未来社会的图景，警示将来会出现的问题以及提出应对的方法。现在的读者也许会对 60 年前的这些观点不屑一顾，然而，维纳的警告在许多方面仍然有着振聋发聩的效果。

比起《控制论》来，《人有人的用处》更像是一本普及读物，它没有一个公式，而《控制论》中满篇皆是数学公式，使绝大多数读者不知所云。不过，请注意，本书并不因此而好懂，这与维纳特有的行文风格有关。他的文章似乎结构散漫，缺乏条理，读者很难一眼就看出他究竟想要说什么。仔细阅读之后，也许才能够悟出其中许多道理。

同时，我觉得有必要提醒读者《人有人的用处》出版的时代背景。当时是冷战时代，美苏之间有强烈的意识形态对立。同时由于原子弹的爆炸以及随之而来的军备竞赛，科学与科学家已走向历史的前台。这时，胸怀世界的维纳从学术的象牙之塔走出来，认真考虑世界的未来。他以控制论为武器，尖锐地批判美国的资本主义制度以及军事工业体制，显示出他个人的反抗。最后，他走向伦理、道德及宗教的问题，这些思想已在本书中有所反映，最终出现在他的《上帝与高兰合股公司》(1964)中。这是否是人类生存最后一根稻草，我不知道。

下面分别论述《人有人的用处》的一些要点：

维纳在《人有人的用处》中并没有提到控制论的所有重点，而是集中在“通信”上。其哲学基础是偶然性的宇宙观。从历史上看，牛顿以来的宇宙观是必然性、规律性、确定性的。尽管研究确定性的数学——微积分与研究不确定性的数学——概率论差不多同时在 17 世纪出现，但后者始终没有进入主流，即使到了 19 世纪，人们对吉布斯的统计力学也不甚明白。这些一直到20世纪才有改观,其中维纳的贡献非常重要。另一个重要的概念——熵,是19世纪中提出来的。它的一个结论是孤立系统的熵增加,其统计解释为世界趋于混乱。而许多系统,最典型的是生物体,则是秩序乃至稳态的维持,其中关键是消息的进入。因此,我们常有"信息即负熵"的说法。进一步地,维纳指出:"进步不仅给未来带来了新的可能性,也给未来带来了新的限制。"近400年的进步是通信加强的结果,但维纳注意到,这也是人们对自然界加强统治的结果,无尽地从自然界索取,如此彻底地改造了我们的环境,"以致我们必须改造自己,才能在这个新环境中生存下去。我们再也不能生活在旧环境中了"。我不得不说,这是比环保主义者还早的宣言。

我们得说,维纳的通信理论与香农的信息论稍有不同,主要在于维纳所说的消息包括内涵的考虑,而香农的信息则是抽象的"去掉不确定性的变量",他的理论是"通信的数学理论",其方向走向编码理论与密码学,这与维纳的方向不太一样。维纳考虑的消息传输过程中的失真与噪声问题当然与此相关,但他更为着重考虑以通信作为反熵的手段并以此来研究社会。因此本书集中探讨通信的类型及作用。通信的两大类型是定型和学习,对于高级生命体及社会,学习永远是至高无上的,只有学习才是维持社会进步的不二法门。理论上通信可以导致定型维持稳态,但由于噪声会导致失控。遗憾的是,维纳的理论在50年后才为大家所认识。

在维纳对社会的分析中,一个最简单的例子是他关于第二次工业革命的提法。这种提法他已经提了60多年了,在此前后,许多人也有各种不同的提法,有人甚至说什么第三次、第四次、第五次革命。维纳的提法十分清楚:第一次工业革命的核心主要是体力或体能的放大,与此相对,第二次工业革命的核心主要是脑力或智能的放大。这种对比在很大程度上已为这几十年历史所证实。第一次工业革命的主题词有机器、机械化,它们自然使我们联想到,"机器是人手的延长"。200年来,通过机械化,工业革命全面成功。可是人脑的延长还远未成功,只是从1946年电子计算机的第一次制成才刚刚显示出一个苗头。维纳、冯·诺伊曼等科学巨人就是从这个苗头中预见到自动化时代将很快到来。历史已经证明,单是电脑已经代替了不少人脑的工作,尽管是初级的工作。很快,这些天才们完成了许多惊人伟业,例如,数值天气预报。遗憾的是,他们没能活到信息时代到来的时候。

然而,他们早就预见到自动化社会的到来。维纳就意识到了自动化社会对于劳动就业、教育、经济等方面的挑战,他强调,必须让教育越来越扩张,同时实施不断的再培训。可惜,维纳等人的呼吁再次无人响应。

维纳关于教育的想法至今仍发人深省:"我们是处在教育形式大大挤掉教育内容的时代里,是处在教育内容正日益淡薄的时代里。""我们的大学偏爱与独创精神相反的模仿性,偏爱庸俗、肤浅,可以大量复制而非新生有力的东西,偏爱无益的精确性,眼光短浅与方法的局限性而非普遍存在而又到处可以看到的新颖与优美……"他坚决主张独创,反对把独创性连根砍除的斧头。同时,他特别指出,学习的道路大大地被堵塞。他多次谈到,要使通信的力量胜过堵塞的力量。他常引用爱因斯坦的话:"上帝精妙,但不怀恶意。"因此,自然科学并没有通信困难,然而,社会科学则有相当大的困难,首先在事实陈述阶段就遭到通信堵塞,隐瞒、保密、歪曲,就像许多历史一样。

维纳在《人有人的用处》一书中,多次提到冯·诺伊曼及其博弈论。他在社会的研究中将博弈论同他的控制论(包括稳态论及通信理论)互相补充。例如,他把资本主义市场看成 n 人博弈,同时指出它不是一个稳态过程,而是一个变化不定、动荡无常的过程,反复出现的消极现象。尽管他是现代金融数学的祖师爷,但是,他完全意识到它对通信渠道的误用,以及群众性的盲目和轻信。用这来分析当前全球经济危机乃至股市,真是说到点子上了。

维纳对于法律问题的见解更有独到之处。他说:"法律问题可以看做通信问题和控制论问题,这也就是说,法律问题就是对若干危险情况进行秩序的和可重复的控制。"他对于美国的法律进行了分析,指出:"我们法律体系的整个性质就是斗争……这是十足的博弈。"他设法把对方的陈述变成没有意义的东西,并且有意识地把对方和审判官之间的消息堵塞起来,其间必定产生隐瞒及欺骗。实际上,现在所实行的法律最大的矛盾在于,"法律想说的话和法律所考虑的实际情况之间缺乏令人满意的语义方面的一致”。一旦出现不一致性，法律也就变成没有共识的一纸空文。这样，法律在双重标准或多重标准下实施，有人钻空子，有人得益，有人倒霉。作为大科学家，维纳深知语言对于科学的重要，他多次指出语言的混乱会给社会造成极大的困扰和问题，而且有些地方已经把它变成一种斗争的艺术。

在把通信理论应用于社会的研究方面，还应看到维纳关于社会组织的观点。他的一位合作者德伊志(K. Deutsch)曾说道：“通信是构成组织的核心。只有通信使一群人想到一块儿，看到一块儿，做到一块儿。所有社会学都要求对通信有所理解。”当然，这也是维纳的思想，只是他从来没有表达得如此清楚、明确。他在后来引进长时机构的概念，指出控制通信手段是社会中稳态因素中最有效和最重要的。维纳认为控制应该委托给长时机构，如教会、大学、科学院等，而委托给短视的、谋利润的短时机构则是十分有害的。维纳的这些想法至今仍有启发性。社会能维持稳定，必须有人们可以信赖的长时机构。如果大学及科学院都名声扫地，社会维持稳态自然就十分困难。然而信赖需要很长时间才能建立，而谋利者往往用很短的时间就破坏了它，这是一个十分棘手的矛盾。对此，维纳提出了两种解决办法：一个是在《控制论》中就已提出的“小国寡民”政策，这对于许多小国来说无疑是富有成效的。例如，新加坡以及北欧的福利国家，所有这些国家的人口都不过几百万，而且有一定的空间。维纳的乌托邦不适合1000万人口(不到中国人口的1%)的中等国家，更不适合1亿人口以上(不到中国人口的10%)的大国，更谈不上中国和印度这两个10亿以上人口的大国了。尤其是维纳当时的通信远远比现在落后，尽管我们有相当多的通信工具控制的方法，但仍然没有解决维纳所触及的两大难题：人脑并没有变得更聪明，社会也没有变得更有序。为此，维纳只好求助于宗教、伦理与道德。

头等重要的问题是宗教问题。宗教这个神圣的领域历来不允许非信仰的因素染指。早期基督教教父德尔图良(Tertullianus，约160—220)有言：“我信，因其不可信。”但即使在基督信徒内部，也有许多人反对这种蒙昧主义，可是一旦涉及理性思考，就会出现中世纪经院哲学家遇到的许多困难。现在控制论又提出一些新的问题与宗教有关，维纳举出三个问题：

——是会学习的机器

——是自我繁殖的机器

——是机器与人的协调

维纳认为自我繁殖也是一种学习过程，正如个人学习是个体发育中的一个过程一样，自我繁殖是系统发育的学习，或者是在种族历史中的学习。而这个过程就是达尔文(Charles Robert Darwin)所说的自然选择。在自然选择的过程中出现三种力量：

一是遗传，这是一种保守的力量，植物及动物的个体按照自己的形象创造同自己一样的后代。

二是变异，后代并不精确是亲代的复制品，而是有些差异，这些差异仍然遵照一定的遗传规律遗传下去。

三是选择，由于变异的可能性很多，各种可能的组合均能出现，哪些品种可以存活下来？

既然宗教认为上帝按照自己的形象创造人，以此为原型，人按照自己的形象创造人是否可能？从理论上讲，这似乎是可能的，而且近50年分子遗传学的进步，已使基因工程变成现实。不过这仍然是合成人的初级阶段，它只完成了高分子的化学合成。时至今日，离合成一个活细胞为时尚早，有了细胞，还有组织，器官组织到个体的复杂层次。而从实际的操作看，这些都是极难办到的。看来这个过程是十分漫长的，从某种意义上讲，这也是决定论即非控制论的途径。

同样以宗教为原型，上帝造人，人不如上帝全知全能，但人可造机器，机器不如人多知多能，但可有某一方面像人。当然这是完全有可能的，显然计算机和机器人就是如此。问题在于，能否让某一种机器能按它自己的原型复制自己或者带有某种可以称为变异的东西？维纳的答复是肯定的。

从控制论来看，首先要解决什么是机器的形象这个问题。他明确指出，机器的形象不是它外表的图像，而是它的行为形象，也就是它的功能。他举古希腊神话为例，塞浦路斯王皮格马利翁(Pygmalion)按照他理想的爱人形象雕刻伽拉蒂亚的少女像，尽管他十分钟爱，但始终他创造的只是雕像。只有在他祈求爱神维纳斯(Venus)赋予它灵魂之后,她才真正成为他的爱人。控制论的机器形象就是它的灵魂。

晚年的维纳对宗教和神学有许多思考。在他的手稿中有许多奇思妙想,以至于他被其合作者及传记作者马塞尼称之为20世纪最敏锐的神学思想家之一。

序　言

一个偶然性的宇宙观念

· *Preface　The Idea of a Contingent Universe* ·

本书旨在说明吉布斯的观点对于现代生活的影响，说明我们通过该观点在发展着的科学中所引起的具有本质意义的变化和它间接地在我们一般生活态度上所引起的变化。因此，后面各章既有技术性的叙述，也有哲学的内容，后者涉及我们就我们所面对的新世界要做什么并应该怎么对待它的问题。

20 世纪的发端不单是一个百年期间的结束和另一个世纪的开始，它还标志着更多的东西。在我们完成政治的过渡之前，亦即从在整体上是被和平统治着的上一个世纪过渡到我们刚刚经历过的充满战争的这半个世纪之前，人们的观点早就有了真正的变化。这个变化也许首先是在科学中表露出来，但这个影响过科学之物，完全可能是独自导致了我们今天在 19 世纪和 20 世纪的文学和艺术之间所看到的那种显著的裂痕。

牛顿物理学曾经从 17 世纪末统治到 19 世纪末而几乎听不到反对的声音，它所描述的宇宙是一个其中所有事物都是精确地依据规律而发生着的宇宙，是一个细致而严密地组织起来的、其中全部未来事件都严格地取决于全部过去事件的宇宙。这样一幅图景决不是实验所能做出充分证明或是充分驳斥的图景，它在很大程度上是一个关于世界的概念，是人们以之补充实验但在某些方面要比任何能用实验验证的都要更加普遍的东西。我们决计没有办法用我们的一些不完备的实验来考查这组或那组物理定律是否可以验证到最后一位小数。但是，牛顿的观点就迫使人们把物理学陈述得并且用公式表示成好像它真的是受着这类定律支配的样子。现在，这种观点在物理学中已经不居统治地位了，而对推翻这种观点出力最多的人就是德国的玻尔兹曼（Boltzmann）和美国的吉布斯（Gibbs）。

这两位物理学家都是彻底地应用了一个激动人心的新观念的。他们在物理学中所大量引进的统计学，也许不算什么新事物，因为麦克斯韦（Maxwell）和别的一些人早已认为极大量粒子的世界必然地要用统计方法来处理了。但是，玻尔兹曼和吉布斯所做的是以更加彻底的方式把统计学引入物理学中来，使得统计方法不仅对于具有高度复杂的系统有效，而且对于像力

◀哈佛大学校园里绿树掩映着一幢幢典雅的红砖楼。

场中的单个粒子这样简单的系统同样有效。

统计学是一门关于分布的科学，而这些现代科学家心目中所考虑的分布，不是和相同粒子的巨大数量有关，而是和一个物理系统由之出发的各种各样的位置和速度有关。换言之，在牛顿体系中，同样一些物理定律可以应用到从不同位置出发并具有不同动量的不同物理系统。新的统计学家则以新的眼光来对待这个问题。他们的确保留了这样一条原理：某些系统可以依其总能量而和其他系统区别开来，但他们放弃了一条假设，按照这条假设，凡总能量相同的系统都可以作出大体明确的区分，而且永远可用既定的因果定律来描述。

实际上，在牛顿的工作中就已经蕴涵着一个重要的统计方面的内容了，虽然在牛顿活着的 18 世纪里人们完全忽视了它。物理测量从来都不是精确的；我们对于一部机器或者其他动力学系统所要说明的，其实都跟初始位置和动量完全精确给定时（那是从来没有的事）我们必定预期到的事情无关，而真正涉及的都是它们大体准确给定时我们所要预期到的事情。这就意味着，我们所知道的，不是全部的初始条件，而是关于它们的某种分布。换言之，物理学的实用部分都不能不考虑到事件的不确定性和偶然性。吉布斯的功绩就在于他首次提出了一个明确的科学方法来考察这种偶然性。

科学史家要寻求历史发展的单一线索，那是徒劳的。吉布斯的工作，虽然“裁”得很好，但“缝”得很坏，由他开头的这项活计是留给别人去完工的。他用作工作基础的直观，一般讲，是在一类继续保持其类的同一性的物理系统中，任一物理系统在几乎所有的情况下最终会再现该类全部系统在任一给定时刻所表现出来的分布。换言之，在某些情况下，一个系统如果保持足够长时间的运转，那它就会遍历一切与其能量相容的位置和动量的分布的。

但是，后面这个命题除了适用于简单系统外，既不真实，也不可能。但虽然如此，我们还有另外一条取得吉布斯所需的、用以支持其假说的种种成果的道路。历史上有过这样一桩巧事：正当吉布斯在纽海文进行工作的时候，有人在巴黎也正对这条道路进行着非常彻底的勘察；然而巴黎的工作和纽海文的工作在1920年以前未曾有成效地结合起来。我以为，对于这种结合所得到的头胎婴儿，我有助产的光荣。

吉布斯不得不使用量度论和概率论作为研究工具，这两者至少已有二十五年的历史并且显然不合乎他的需要。可是，在同一时候，巴黎的玻雷尔（Borel，E.）和勒贝格（Lebesgue）正在设计一种已被证明为切合于吉布斯思想的积分理论。玻雷尔是位数学家，已经在概率论方面成名，有极好的物理学见识。为了通向这种量度论，他做过工作，但他没有达到足以形成完整理论的阶段。这事是由他的学生勒贝格来完成的。勒贝格完全是另一个样子的人，他既没有物理学的见识，也没有这方面的兴趣。但虽然如此，勒贝格解决了玻雷尔留下的问题，只不过他把这个问题的答案仅仅看做研究傅立叶（Fourier）级数和纯粹数学的其他分支的一种工具。后来当他们同时都成为法国科学院院士候选人时，他们彼此之间展开了一场争论，只在经过多次的相互非难之后，他们才一起得到了院士的荣誉。但是，玻雷尔继续坚持勒贝格和他自己的工作之作为物理工具的重要性；然而，我以为，我自己才是把勒贝格积分在1920年应用于一个特殊的物理问题即布朗运动问题上的第一个人。

这桩事情出现在吉布斯逝世很久之后，而吉布斯的工作在这二十年中一直是科学上的神秘问题之一，这类问题有人研究，尽管看来是不应该去研究的。许多人都具有远远跑在他们时代前面的直观能力；在数学物理学中，这种情况尤其真实。早在吉布斯所需的概率论产生之前，他就把概率引进物理学了。但尽管有这些不足之处，我相信，我们必须把20世纪物理学的第一次大革命归功于吉布斯，而不是归功于爱因斯坦、海森伯或是普朗克。

这个革命所产生的影响就是今天的物理学不再要求去探讨

那种总是会发生的事情，而是去探讨将以绝对优势的概率而发生的事情了。起初，在吉布斯自己的工作中，这种偶然性的观点是叠加于牛顿的基础上的，其中，我们要来讨论其概率问题的基元都是遵从全部牛顿定律的系统。吉布斯的理论，本质上是一种新的理论，但是，与它相容的种种置换却和牛顿所考虑的那些置换相同。从那时起，物理学中所发生的情况就是把牛顿僵硬的基础加以抛弃或改变；到现在，吉布斯的偶然性已经完全明朗地成为物理学的全部基础了。的确，这方面的讨论现在还没有完全结束，而且，爱因斯坦以及从某些方面看来的德布罗意（de Broglie）还是认为严格决定论的世界要比偶然性的世界更为合意些；但是，这些伟大的科学家都是以防御的姿态来和年青一代的绝对优势力量作战的。

已经发生了一个有趣的变化，这就是，在概率性的世界里，我们不再讨论和这个特定的、作为整体的真实宇宙有关的量和陈述，代之而提出的是在大量的类似的宇宙中可以找到答案的种种问题。于是，机遇，就不仅是作为物理学的数学工具，而且是作为物理学的部分经纬，被人们接受下来了。

承认世界中有着一个非完全决定论的几乎是非理性的要素，这在某一方面来讲，和弗洛伊德（Freud）之承认人类行为和思想中有着一个根深蒂固的非理性的成分，是并行不悖的。在现在这个政治混乱一如理智混乱的世界里，有一种天然趋势要把吉布斯、弗洛伊德以及现代概率理论的创始者们归为一类，把他们作为一单个思潮的代表人物；然而，我不想强人接受这个观点。在吉布斯-勒贝格的思想方法和弗洛伊德的直观的但略带推论的方法之间，距离太大了。然而，就他们都承认宇宙自身的结构中存在着机遇这一基本要素而言，他们是彼此相近的，也和奥古斯丁的传统相近。因为，这个随机要素，这个有机的不完备性，无须过分夸张，我们就可以把它看做恶，看做奥古斯丁表征作不完备性的那种消极的恶，而不是摩尼教[①]徒的积极的、敌意的恶。

本书旨在说明吉布斯的观点对于现代生活的影响，说明我们通过该观点在发展着的科学中所引起的具有本质意义的变化和它间接地在我们一般生活态度上所引起的变化。因此，后面各章既有技术性的叙述，也有哲学的内容，后者涉及我们就我们所面对的新世界要做什么并应该怎么对待它的问题。

重复一下：吉布斯的革新就在于他不是考虑一个世界，而是考虑能够回答有关我们周围环境的为数有限的一组问题的全部世界。他的中心思想在于我们对一组世界所能给出的问题答案在范围更大的一组世界中的可几程度如何。除此以外，吉布斯还有一个学说，他认为，这个概率是随着宇宙的愈来愈老而自然地增大的。这个概率的量度叫做熵，而熵的特征趋势就是一定要增大的。

随着熵的增大，宇宙和宇宙中的一切闭合系统将自然地趋于变质并且丧失掉它们的特殊性，从最小的可几状态运动到最大的可几状态，从其中存在着种种特点和形式的有组织和有差异的状态运动到混沌的和单调的状态。在吉布斯的宇宙中，秩序是最小可几的，混沌是最大可几的。但当整个宇宙(如果真的有整个宇宙的话)趋于衰退时，其中就有一些局部区域，其发展方向看来是和整个宇宙的发展方向相反，同时它们内部的组织程度有着暂时的和有限的增加趋势。生命就在这些局部区域的几个地方找到了它的寄居地。控制论这门新兴科学就是以这个观点为核心而开始其发展的[②]。

---

① Manichaean，是波斯人摩尼(Mani，约在纪元前 216 年左右)所创，肯定善恶二元论。这个思想首先渊源于古巴比伦的自然崇拜，波斯人查拉图斯特拉(Zoroaster，约在纪元前 1000 年)据此创立袄教(拜火教)。摩尼教直接继承袄教，也吸取基督教和佛教教义。这个思想又反过来对基督教起很大的影响。基督教理论家之一奥古斯丁(Aurelius Augustinus，354—430)在青年时代就是摩尼教徒，公元 386 年才加入基督教。——译者注

② 有人对于熵和生物的组织解体之间是否完全相同持怀疑态度。对于这些批评，我早晚总要做出评价的，但我目前必须假定，它们的差别，不在于这些量的基本性质上，而在于被观测的量所处的系统上。对于任何不太闭合的和不太孤立的系统而言，要想给熵找到一个终极的、明确的、为一切著作家都能同意的定义，这个要求太高了。

HARVARD COOPERATIVE SOCIETY
THE COOP
HARVARD
Coop Café
you demanded
USED
哈佛大学 COOP 书店

第一章

历史上的控制论

· Ⅰ *Cybernetics in History* ·

本书的主题在于阐明我们只能通过消息的研究和社会通信设备的研究来理解社会，阐明在这些消息和通信设备的未来发展中，人与机器之间、机器与人之间以及机器与机器之间的消息，势必要在社会中占据日益重要的地位。

自从第二次世界大战结束以来，我一直在信息论的许多分支中进行研究。除了有关消息传递的电工理论外，信息论还有一个更加广大的领域，它不仅包括了语言的研究，而且包括了消息作为机器的和社会的控制手段的研究，包括了计算机和其他诸如此类的自动机的发展，包括了心理学和神经系统的某些考虑以及一个新的带有试行性质的科学方法论在内。这个范围更加广大的信息论乃是一种概率性的理论，乃是吉布斯所开创的思潮的固有部分，这我在序言中已经讲过了。

直到最近，还没有现成的字眼来表达这一复合观念，为了要用一个单词来概括这一整个领域，我觉得非去创造一个新词不可。于是，有了“控制论”一词，它是我从希腊字 *Kubernêtês* 或“舵手”推究出来的，而英文“governer”（管理人）一字也就是这个希腊字的最后引申。后来我偶然发现，这个字早被安培（Ampère）用到政治科学方面了，同时还被一位波兰科学家从另一角度引用过，两者使用的时间都在 19 世纪初期。

我曾经写过一本多少是专门性质的著作，题为《控制论》，发表于 1948 年。为了应大家的要求，使控制论的观念能为一般人所接受，我在 1950 年发表了《人有人的用处》一书初版。从那时到现在，这门学科已经从香农（Shannon）、韦佛（Weaver）两位博士和我共同提出的为数不多的几个观念发展成为一个确定的研究领域了。所以，我趁重版本书的机会，把它改写得合乎最新的情况，同时删掉原书结构中的若干缺点和前后不一致的地方。

在初版所给出的关于控制论的定义中，我把通信和控制归为一类。我为什么这样做呢？当我和别人通信时，我给他一个消息，而当他给我回信时，他送回一个相关的消息，这个消息包

◀剑桥大学国王学院，是剑桥最美丽和经典的建筑。据说二战时希特勒非常喜欢此建筑，计划占领英国后，能进驻此建筑而没有下令对剑桥轰炸，所以剑桥也可以说是因为此建筑而保存如此完美的。

含着首先是他理解的而不是我理解的信息。当我去控制别人的行动时,我得给他通个消息,尽管这个消息是命令式的,但其发送的技术与报道事实的技术并无不同。何况,如果要使我的控制成为有效,我就必须审理来自他那边的任何消息,这些消息表明命令之被理解与否和它已被执行了没有。

本书的主题在于阐明我们只能通过消息的研究和社会通信设备的研究来理解社会,阐明在这些消息和通信设备的未来发展中,人与机器之间、机器与人之间以及机器与机器之间的消息,势必要在社会中占据日益重要的地位。

当我给机器发出一道命令时,这情况和我给人发出一道命令的情况并无本质的不同。换言之,就我的意识范围而言,我所知道的只是发出的命令和送回的应答信号。对我个人说来,信号在其中介阶段是通过一部机器抑或是通过一个人,这桩事情是无关紧要的,而且,在任何情况下,它都不会使我跟信号的关系发生太大的变化。因此,工程上的控制理论,不论是人的、动物的或是机械的,都是信息论的组成部分。

当然,在消息中和在控制问题中都有种种细节的差异,这不仅在生命体和机器之间如此,而且在它们各自更小的范围里也是如此。控制论的目的就在于发展语言和种种技术,使我们能够真正地解决控制和通信的一般问题,但它也要在某些概念的指导之下找到一套专用的思想和技术来区分控制和通信的种种特殊表现形式的。

我们用来控制我们环境的命令都是我们给予环境的信息。这些命令,和任何形式的信息一样,要在传输的过程中解体。它们一般是以不太清晰的形式到达的,当然不会比它们发送出来的时候更加清晰。在控制和通信中,我们一定要和组织性降低与含义受损的自然趋势作斗争,亦即要和吉布斯所讲的增熵趋势作斗争。

本书有很多地方谈到个体内部和个体之间的通信限度。人是束缚在他自已的感官所能知觉到的世界中的。举凡他所收到的信息都得通过他的大脑和神经系统来进行调整，只在经过存储、校对和选择的特定过程之后，它才进入效应器，一般是他的肌肉。这些效应器又作用于外界，同时通过运动感觉器官末梢这类感受器再反作用于中枢神经系统，而运动感觉器官所收到的信息又和他过去存储的信息结合在一起去影响未来的行动。

信息这个名称的内容就是我们对外界进行调节并使我们的调节为外界所了解时而与外界交换来的东西。接收信息和使用信息的过程就是我们对外界环境中的种种偶然性进行调节并在该环境中有效地生活着的过程。现代生活的种种需要及其复杂性对信息过程提出了前所未有的高度要求，我们的出版社、博物馆、科学实验室、大学、图书馆和教科书都不得不去满足该过程的种种需要，否则就会失去它们存在的目的。所谓有效地生活就是拥有足够的信息来生活。由此可知，通信和控制之作为个人内在生活的本质就跟它们之作为个人社会生活的本质一样。

通信问题的研究在科学史上所处的地位既非微不足道和碰巧做出的，也不是什么空前的创举。远在牛顿（Newton）之前，这类问题就在物理学中，特别是在费马（Fermat）、惠更斯（Huygens）和莱布尼兹（Leibnitz）的工作中流行开了；他们这几位都对物理学感兴趣，而他们兴趣的集中所在，不是力学，而是光学，即关于视觉映象的传递问题。

费马以其最小化（minimization）原理推进了光学的研究，这个原理说，在光程的任意一段足够短的区间上，光是以最少的时间通过的。惠更斯提出了现在称之为“惠更斯原理”的草创形式，这个原理说，光从一光源向外传播时，便在此光源的周围形成某种类似于一个小球面的东西，它由次级光源组成，而次级光源的光接下去的传播方式和初级光源的传播方式完全相同。莱布尼兹则从另一方面把整个世界看成一种称之为“单子”的实体的集合，单子的活动就是在上帝安排的预定谐和的基础上相互知觉，而且，非常清楚，莱布尼兹主要是用光学术语来考虑这种相互作用的。除了这种知觉外，单子没有“窗户”，因此，依据莱布尼兹的见解，一切机械的相互作用实际上都只不过是光学上的相互作用的微妙推论而已。

在莱布尼兹这方面的哲学中，处处都表现出了作者对于光学和消息的偏爱。这种偏爱在他的两个最根本的观念中充分体现出来，这两个观念就是：Characteristica Universalis，或普适科学语言；Calculus Ratiocinator，或逻辑演算。这个 Calculus Ratiocinator 在当时虽然并不完善，但却是现代数理逻辑的直系祖先。

受着通信思想支配的莱布尼兹在许多方面都是本书思想的知识前驱，因为他对机器计算和自动机也感兴趣。在本书中，我的种种见解和莱布尼兹的见解相距很远，但是，我所讨论的问题却是道道地地的莱布尼兹的问题。莱布尼兹的计算机器只不过是他对计算语言即推理演算感兴趣的一种表现，而推理演算，在他的心目中，又只不过是他的全部人造语言这一思想的推广。由此可知，即使是他的计算机器，莱布尼兹所偏爱的也主要是语言和通信。

到了 19 世纪中叶，麦克斯韦及其先驱者法拉第(Faraday)的工作再次引起了物理学家对于光学的注意；人们这时把光看做电的一种形式，而电又可以归结为某种媒质的机制，它是奇怪的、坚硬的但肉眼看不见的东西，叫做以太。在当时，人们假定以太是弥漫在大气中、星际空间中和一切透明物质中的。麦克斯韦的光学工作就在于数学地发展了从前法拉第令人信服的但不是数学形式表示出来的思想。以太的研究向人提出了其答案都很含糊的若干问题，例如，通过以太的物质运动问题。迈克耳孙(Michelson)和莫雷(Morley)在 90 年代的著名实验就是为了解决这个问题而进行的，实验给出了完全意想不到的答案：绝对无法证明通过以太的物质运动。

对于这个实验所提出的种种问题，第一次做出满意解答的乃是洛伦兹(Lorentz)的解答。洛伦兹指出：要是我们把那些使物质结合起来的力本身看成是电学性质的或光学性质的，那我们就应该从迈克耳逊-莫莱实验预期到反面的结果。然而，在1905年，爱因斯坦（Einstein）把洛伦兹的这些思想翻改成为如下的形式：绝对运动的不可观测性与其说是物质的任何特殊结构所决定的，不如说是物理学上的一项公设。就我们的角度看来，在爱因斯坦的工作中，重要之点是，光和物质处于同等的地位，这和牛顿以前的著作所提出的观点相同，而不是像牛顿那样地把所有东西都隶属于物质和力学。

爱因斯坦在阐释自己的见解时，把观测者作了多种多样的使用：观测者既可以是静止的，也可以是运动着的。在爱因斯坦的相对论中，如果不同时引进消息的观念，如果事实上不重新强调物理学的准莱布尼兹状态（其倾向还是光学的），那就不可能把观测者引进来。爱因斯坦的相对论和吉布斯的统计力学乃是截然不同的东西。爱因斯坦基本上还是使用绝对严格的动力学术语来探讨问题的，并没有引进概率观念，这和牛顿相同。与此相反，吉布斯的工作从第一步起就是概率性的。然而，这两个人的工作方向都代表了物理学观点的更替，即在某种意义说来，用观测时方才存在的世界来代替实际存在的世界，而物理学上古老的朴素实在论则让位给某种也许会使巴克莱大主教眉开眼笑的东西了。

在这个地方，讨论一下本书序言中曾经提到的与熵有关的若干概念，对我们说来是恰当的。如前所述，熵的观念代表了吉布斯力学和牛顿力学之间的几个极为重要的分歧。在吉布斯的观点中，我们有一个物理量，它不属于我们这个外在世界，而属于一组可能的外在世界，因而它出现于我们对这个外在世界所能提出的若干特定问题的答案中。物理学现在不去探讨那个可以看做全面答复全部有关问题的外在宇宙了，它变成了对于某些极为有限的问题做出答案的账单。事实上，我们现在研究的东西和我们可以收进并发出的一切可能的输入和输出的消息毫无关系，我们所关心的只是极为特殊的输入和输出的消息理论，包括这类消息只给我们有限信息量的测量方法在内。

消息自身就是模式和组织的一种形式。的确，我们可以把消息集合看做其中有熵的东西，就像我们对待外在世界状态的集合一样。正如熵是组织解体的量度，消息集合所具有的信息则是该集合的组织性的量度。事实上，一个消息所具有的信息本质上可以解释作该消息的负熵，解释作该消息的概率的负对数。这也就是说，愈是可几的消息，提供的信息就愈少。例如，陈词滥调的意义就不如伟大的诗篇。

我已经提到莱布尼兹对于自动机的兴趣，这个兴趣曾经碰巧被他的同时代人帕斯卡（Pascal）分享过，帕斯卡对于我们现在称之为台式加法机的发展有过真正的贡献。莱布尼兹把调准在同一时刻的时钟给出时间的一致性看做单子预定谐和的模型。这是因为，体现他那个时代的自动机技术就是钟表匠的技术。我们不妨考察一下在八音盒顶上跳着舞的小人儿的动作。它们是按照模式而运动的，但这个模式是预先安排的，而小人儿的过去活动对其未来活动的模式实际无关。它们偏离原定模式的概率等于零。的确，这里也有消息的传递，但消息只从八音盒的机械装置传给小人儿，到此就停住了。除了和八音盒预定谐和的机构发生上述单向的通信外，小人儿自身并没有和外界通信的痕迹。它们都是又瞎又聋而又哑的东西，一点儿也离不开约定化了模式而改变其活动的。

把它们的行为和人的行为或者任何确具中等智力的动物的行为例如一只小猫的行为作个比较。我叫唤小猫，它就抬头看我。我发给它一个消息，它用它的感官来接收，这从它的行动中可以看出。小猫饿了，因而发出悲鸣。这时它是消息的发送者。小猫在摆弄一个悬吊着的小线球时，当球摆向左边，小猫就用左爪去抓它。这时，在小猫自己的神经系统之内，通过它的关节、肌肉和腱等某些神经末梢，既发送又接收着性质非常复杂的消息；借助这些器官发出的神经消息，动物便能觉察到自己组织的实际位置及其张力。只有通过这些器官，人的手工技巧这一类东西才是可能的。

我已经把八音盒上小人儿的预先安排好的行为作为一方，又把人和动物的因事而异的行为作为另一方，进行过一番比较。但是，我们一定不要把八音盒设想作一切机器行为的典型。

比较古老的机器，特别是比较古老的制造自动机的种种尝试，事实上都是在闭合式钟表的基础上搞起来的。但是，现代自动机器，诸如自控导弹、近炸信管、自动开门装置、化工厂的控制仪器以及执行军事或工业职能的其他现代自动机器装备，都是具有感觉器官的，亦即具有接收外界消息的接收器。它们可以简单得像光电管那样，当光落在它们上面时就发生电变化，从而能够在暗处识别光；也可以复杂得像一架电视机那样。它们可以从一根受到张力作用的导线所产生的电导率变化来测定张力，也可以借助温差电偶（这种仪器是由两种不同的金属片的相互接触来构成的，当接触点之一加热时就有电流产生）来测量温度。在科学仪器制造者的宝库中，每种仪器都是一个可能的感觉器官，都可以通过专用电子仪器的介入从远处把它的读数记录下来。由此可知，这类机器是受到它与外界的关系所制约的，从而也受到外界所发生的事件的制约。我们现在有这种机器，而且从某个时候起就已经有了。

借助消息而作用于外界的机器也是常见的。自动光电开门装置是每个经过纽约宾夕法尼亚车站的人都知道的东西，这类装置同样也用在许多别的建筑物里。当一束光线被截断的消息送到仪器时，这个消息刺激门并使它打开，于是旅客得以通行了。

从这种类型的用感官来激励的机器到执行某项任务的机器，其间有许多步骤，或者简单得像电门的情况那样，或者具有我们工程技术限度之内的事实上是具有任意复杂程度的机器。一个复杂的动作乃是这样一种动作：为了取得对于外界的一种影响（我们称之为输出），而在这种动作中引入了可以含有大量组合的数据（我们称之为输入）。这些组合既有当下放进的数据，又有从过去存储的数据（我们称之为记忆）中取出的记录。

这些组合都记录在机器中。迄今已经制成的最复杂的、能把输入数据变成输出数据的机器就是快速电子计算机，对于这种机器，我打算在后面比较详细地谈论它。这些机器的行为样式是由特种输入来决定的，这种输入往往是用穿孔卡片、穿孔纸带或磁化导线来构成，它决定机器据以进行的某种不同于过去所进行的操作方式。在控制中，由于经常使用穿孔带或磁带，所以，放进这些机器中用以指示机器组合信息的操作方式的数据，统称为程序带。

我讲过，人和动物都有运动感觉，它们就是据此来保持自己肌肉的位置和张力的记录。为了使任何机器能对变动不居的外环境做出有效的动作，那就必须把它自己动作后果的信息作为使它继续动作下去所需的信息的组成部分再提供给它。举例说，当我们操纵着一架电梯时，只打开电梯栏的栅门是不够的，因为我们所给的命令应该使电梯在我们开栅门的时候恰好到达门前。重要之点是，开门的释放机械要由电梯实际到达门前这一事实来决定，否则，要是没有什么东西挡住电梯的话，乘客就会踏进空井里去。这种以机器的实际演绩(actual performance)而非以其预期演绩(expected performance)为依据的控制就是反馈；机器作这种控制时需要使用种种感觉元件，这些感觉元件由启动元件来激发，它们执行着预报器或监视器的职务，亦即执行着对一项演绩作出指示的职务。正是这些机构的职能使组织解体的力学趋势受到控制，亦即它们使熵的正常方向发生了暂时的和局部的逆转。

我刚才提到了电梯作为反馈的一例。还有其他许多例子，其反馈的重要性更为显著。例如，大炮瞄准手从他的观测仪取得信息，然后把它传给大炮，于是大炮便向某个方向瞄准并使炮弹在一定时刻击中活靶。但是，大炮是要在一切气候条件下使用的。在某种气候条件下，滑润油暖化了，大炮就转动得很灵快。在另外一些气候条件下，滑润油冻住了或是掺进沙子了，那么，大炮回答我们的命令就会慢一些。当大炮对我们的命令应答不灵，滞后于命令时，要是我们给它一个补充推进以加强这些命令，则瞄准手的误差就会减低下来。通常，为了取得尽可能准确的演绩，我们便给大炮加上一个反馈控制元件，把大炮滞后于指定位置的程度记录下来，再利用这个差数给大炮以一个补充的推进。

的确，我们必须采取预防措施来使这个推进不至于过猛，如果过猛，大炮就会越过指定的位置，势必还要通过一系列的振荡才能把它拉回来，这个振荡可能变得愈来愈大，这便导致了严重的不稳定。如果反馈系统自身是可控的，换言之，如果它自身的熵趋势还可以用其他控制机构来遏制，并且保持在足够严格的限度之内，那么，上述情况就不会发生，而反馈的存在就增加了大炮演绩的稳定性。换言之，大炮的演绩跟摩擦负载的关系就很少，或者也可以这样说，大炮的演绩不因滑润油的黏结而产生滞延。

在人的活动中存在着与上述情况非常相似的东西。当我去取一根雪茄，我不是有意使用某些特定肌肉的。在许多情况下，我的确不知道它们是哪些肌肉。我所做的只不过使某一反馈机制亦即某一反射发生作用，其中我尚未取得雪茄的效果变成对滞后的肌肉（不管是什么肌肉）一个新的、加强的命令。按照这个办法，一个前后完全同一的随意命令就可以使我们从各种各样的初始位置出发来完成相同的任务，而与由于肌肉的疲劳所引起的伸缩能力的降低无关。同样，当我驾驶一辆汽车，我对车辆所作的一系列控制不是单纯取决于我对道路的印象以及我对之要做的驾驶工作。要是我发现车辆太偏向公路右边了，这个发现就会使我把它驶向左边。这种控制是取决于车辆的实际演绩的，不单是取决于公路的情况；正是这种控制办法使我可以用大体相同的效率来驾驶一辆轻便的奥斯汀轿车或者驾驶一辆重型卡车，用不着为了驾驶这两者而去形成不同的驾驶习惯。我在本书专门讨论机器的一章里将更多地讲到这个问题，我们将在该处讨论到，研究演绩有缺陷的、类似于人的机制中所发生的缺陷的机器可以对神经病理学作出贡献。

我的论点是：生命个体的生理活动和某些较新型的通信机器的操作，在它们通过反馈来控制熵的类似企图上，二者完全相当。它们都有感觉接收器作为它们循环操作中的一个环节：也就是说，二者都以低能级的特殊仪器来搜集外界的信息并以之用于操作中。在这两种情况下，外界消息都不是不折不扣地(neat)取得的，它要通过仪器内部的变换能力来取得，不论这个仪器是活的还是死的。然后，信息才转换为可用于以后各个阶段演绩的新形式。这种演绩在动物和机器中都是有效于外界的。在动物和机器中，回报到中枢调节器的，并非只有它们对于外界打算做的活动，还有它们对于外界运演过的活动。行为的这种复杂性没有被一般人所了解，尤其没有在我们对社会的日常分析中起到应起的作用；虽则从这个观点出发，正如个体的生理反应可以因之得到理解那样，社会自身的有机反应也可以因之得到理解。我的意思并不是说，社会学家没有认识到社会通信的存在及其复杂性，但是，社会学家直到最近都有这样的倾向，故意忽视社会通信是社会这个建筑物得以黏合在一起的混凝土。

我们在本章中提出一组复杂的，直到最近都还没有充分联系起来的观念。它们是：吉布斯引进的作为传统牛顿约定之修正的物理学上的偶然性观点；奥古斯丁根据这种偶然性而要求于秩序和我们行为的态度；一个人与人之间、机器与机器之间以及社会作为时间事件序列的通信理论，序列自身虽然具有某种偶然性，但它总是力图按照各种不同目的来调节其各个组成部分以遏制秩序紊乱的自然倾向。现在看来，这些观念基本上是统一的。

第二章

进步和熵

· Ⅱ *Progress and Entropy* ·

自然界之倾向于秩序紊乱的统计趋势，亦即孤立系统之具有熵增加的趋势，乃是通过热力学第二定律表现出来的。我们，人，不是孤立系统。我们从外界取得食物以产生能量，因而我们都是那个把我们生命力的种种源泉包括在内的更大世界的组成部分。但更加重要的事实是：我们是以自己的感官来取得信息并根据所取得的信息来行动的。

如前所述，自然界之倾向于秩序紊乱的统计趋势，亦即孤立系统之具有熵增加的趋势，乃是通过热力学第二定律表现出来的。我们，人，不是孤立系统。我们从外界取得食物以产生能量，因而我们都是那个把我们生命力的种种源泉包括在内的更大世界的组成部分。但更加重要的事实是：我们是以自己的感官来取得信息并根据所取得的信息来行动的。

就这个陈述所涉及的我们与环境的关系而言，物理学家现在都已经熟悉其意义了。信息在这个方面的作用，有个天才的表示，它是由麦克斯韦以所谓"麦克斯韦妖"的形式提出来的。我们可以把这个妖描述如下。

设有一个气体容器，其中的气体，各部分温度相同。气体的某些分子一定要比其余分子运动得快些。现在我们假定容器中有一扇小门，气体经过这扇小门进入一根开动一部热机的导管，而热机的排气装置则和另一根经过另一小门回到容器的导管相连。每扇门都有一个小妖，它具有鉴别到来气体分子的能力，根据它们的速度来开门或关门。

第一扇门上的小妖只给高速度的分子开门，碰到来自容器的低速分子时，它就把门关上。第二扇门上的小妖的任务正好相反：它只给来自容器的低速分子开门，碰到高速分子时就把门关上。这样做的结果是，容器一端的温度升高，而另一端的温度降低，于是创造出"第二种"永动机，即不违反热力学第一定律（这个定律告诉我们：给定系统的总能量守恒）的永动机，但它违反了热力学第二定律（这个定律告诉我们：能量自动地使温度趋于平衡）。换言之，麦克斯韦妖看来克服了熵增加的趋势。

也许，我可以用下述例子再进一步地来阐释这个观念。考

◀剑桥的"牛顿数学桥"，因牛顿设计而得名。此桥牛顿建造时没有用一根铁钉，后来有些剑桥学生把它拆了研究，结果再也无法稳定安装回去，现在的桥因此多了许多铁钉。

虑有一群人从地下道的两扇旋转栅门走出来，其中的一扇门只让以一定速度行走的人走出，另一扇门则只让走得慢的人走出。地下道中的人群的这种偶然运动将表现为这样的一股人流：从第一扇旋转栅门出来的人都走得快，而通过第二扇旋转栅门的人都走得慢。如果我们用一条装有踏车的通道把这两扇旋转栅门连接起来，那么，走得快的人流从一个方向来转动这部踏车的力量要大于走得慢的人流从另一个方向来转动这部踏车的力量，这样，我们就会从人群的偶然走动中得到一个有用的能源。

这里有一个非常有趣的差异，它出现在我们爷爷辈的物理学和今天的物理学之间。在 19 世纪的物理学中，信息的取得似乎是不付任何代价的。结果是，在麦克斯韦的物理学中，他的任何一个妖都不发生供应其能源的问题。但是，现代物理学承认，麦克斯韦妖只能通过某种像感官之类的东西来取得信息，有了信息，妖才能开门或关门，而就这种目的而言，这个感官就是眼睛。刺激妖眼睛的光并不是附加于机械运动的某种不带能量的东西，而是同样具有机械运动自身的种种主要属性的。除非是光碰到仪器，任何仪器是接收不到光的；除非是光击中了粒子，光不能指示任一粒子的位置。所以，这种情况就意味着，即使从纯粹力学的观点看来，我们也不能认为气室中所含有的东西仅仅是气体，而应当认为其中含有气体和光，这二者可以处于平衡状态，也可以处于不平衡状态。如果气体和光处于平衡状态，那么，作为现代物理学说的一个推论，我们可以证明：麦克斯韦妖将是一个瞎子，瞎到就跟气室中根本没有光一样。我们顶多有暧昧不明的、来自四面八方的光，这样的光对于气体粒子的位置和动量是起不了什么指示作用的。所以，麦克斯韦妖只能在状态不平衡的系统中工作。但是，在这样的系统中，可以证明，光和气体粒子之间的恒常碰撞有使二者达到平衡的趋势。因此，即使妖可以暂时地颠倒熵的通常方向，它归根到底也会搞得精疲力竭的。

仅当系统之外有光加进来，其温度不同于粒子自身的力学温度时，麦克斯韦妖才能不断地工作。这个情况我们应该是完全熟悉的，因为我们知道，我们周围的一切都在反射着太阳光，而太阳光和地球上的力学系统远非处于平衡状态。严格说，我们所遇到的粒子，其温度都处于50～60华氏度左右，而和粒子处在一起的光发自太阳时则在好几千度左右。

在一个不处于平衡状态的系统中，或者，在此系统的局部区域中，熵不一定增加。事实上，熵是可以局部地减少的。我们周围世界的这种非平衡状态也许只是衰退过程中的一个阶段，这个衰退过程终归是要导致平衡的。我们早晚都得死去，我们周围的整个宇宙非常可能要由于热寂而毁灭，那时候，世界将还原为一个浩瀚无际的温度平衡状态，其中再也没有真正新鲜的事物出现了。除了单调的一致性外，别无他物，我们从中所能期望的只不过是微小而无关宏要的局部涨落而已。

然而，我们尚未成为世界最后毁灭阶段的目睹者。事实上，这些阶段不可能有目睹者。所以，在这个与我们直接有关的世界里，存在着这样一些阶段，它们虽然在永恒中只占据一个微不足道的地位，但对我们讲来却具有巨大的意义，因为在这些阶段中，熵不增加，组织性及其伴随者(信息)都在增进中。

我所讲的这些局部区域的组织性增强问题，不仅限于生命体所揭示出来的那种组织。机器也可以局部地、暂时地增加信息，虽则它们的组织性和我们的组织性相较，那是粗糙而不完善的。

在这里，我要插进下述的语义学意见：生命、目的和灵魂这类字眼都是极不适于作严格科学思考的。这些词都因我们对某类现象的共同认识而获得其意义，但它们事实上并未提供恰能表征该共性的任何根据。每当我们发现一种新现象，如果它和我们已经命名为“生命现象”的那些东西的性质具有某一程度的共同点而又和我们用来定义“生命”一词的一切有关方面不相符合时，我们就面临着这样的问题：究竟是扩大“生命”一词的含义以便把这种现象包括进去呢，还是以更加严谨的方法来定义该词以便把这个现象排除在外呢？我们过去在研究病毒时就曾经碰到这个问题，病毒表现有若干生命倾向——生存、增殖和组织化，但这些倾向又不具有充分发展的形式。现在，当我们在机器和生命机体之间观察到行为的某些类似时，有关机器究竟是活的还是死的这个问题，就我们的角度看来，就是语义学问题，亦即我们可以随意用这种或那种最方便于我们的方式做出回答。这就像汉普蒂·丹普蒂[①]所说的一句名言那样："我给他们额外津贴，要他们按照我的需要办事。"

假如我们想用"生命"一词来概括一切局部地违反熵增加流向的现象，那我们是可以随意这样做的。但是，这样做了之后，我们就会把天文学上的如我们通常所知道的和生命仅有极其微小相似的许多现象都包括进去了。所以，按照我的意见，最好是避免使用诸如"生命"、"灵魂"、"生命力"等等之类的一切自身尚待证明的代号，而在谈到机器的时候，仅仅指出：在总熵趋于增加的范围内，在代表减熵的局部区域这一点上，我们没有理由说机器不可以和人相似。

当我用这种机器和生命机体作比较时，我的意思从来都不是说，我们通常所理解的有关生命的那些特殊的物理、化学以及精神的过程和生命模拟(life-imitating)机中的那些过程等同。我只不过是说，它们二者都可以作为局部反熵过程的例证。反熵过程或许还可以通过许多其他途径找到例证，当然这些途径既不应当称之为生物学的，也不应当称之为力学的。

虽然在自动化这样一个发展如此迅速的领域中，我们不可能对生命模拟自动机做出共同的陈述，但我愿意强调指出，这些实际存在的机器具有若干共同的特点。一个特点是，它们都是执行某项特定任务或若干特定任务的机器，因而它们都必须具有使这些任务得以完成的效应器官(类似于人的胳膊和腿)。第二个特点是，它们都得用感觉器官和外界交往(en rapport)，例

① Humpty Dumpty，英国一首儿歌中的主人翁。——译者注

如，用光电管和温度计，这些仪器不仅可以告诉机器当前的环境如何，而且能够使机器把自己任务完成与否的情况记录下来。后一种职能，如前所述，称做反馈，即一种能用过去演绩来调节未来行为的性能。反馈可以是像普通反射那样简单的反馈，也可以是比较高级的反馈，在后一情况下，过去经验不仅用来调节特定的动作，而且用来调节行为的全盘策略。这样一种的策略反馈可以而且往往表现为从一方面看来是条件反射而从另一方面看来又是学习的那种东西。

对于行为的这一切形式，特别是较复杂的形式，我们必须给机器设置一个中枢决策器官，它根据反馈给机器的信息来决定机器的下一步动作，这个器官之存储信息就是模拟生命体的记忆能力的。

要制造一部趋光或避光的简单机器，那是不难的，又如果这类机器自身含有光源，那么，许多这样的机器结合在一起便会表现出社会行为的复杂形式，其情况就像瓦尔特(Walter)博士在《活脑》(*The Living Brain*)一书中所描述的那样。在目前，属于这种类型的若干比较复杂的机器只不过是用来探索机器自身及其模拟物——神经系统的种种可能性的科学玩具而已。但是，我们有理由猜想，最近将来的技术发展必将使其中的若干潜在性得到利用。

因此，神经系统和自动机器在下述一点上基本相似：它们都是在过去已经作出决定的基础上来作决定的装置。最简单的机械装置都会在二中择一的情况下作出决定，例如，电门的开或关。在神经系统中，个别神经纤维也是在传递冲动或不传递冲动之间作出决定的。机器和神经系统二者之中都有依其过去而对未来作出决定的专门仪器，在神经系统中，这个工作大部分是在那些内容极为复杂的叫做“突触”的地方来做的，这个地方有多根传入神经纤维和一根传出神经纤维相连。我们可以在许多情况下把这些判决的根据说作突触活动的阈值，换言之，我们使用应有几根传入纤维的激发(fire)才可以使传出纤维激发起来作说明。

这就是机器和生命体之间至少有部分类似的根据。生命体中的突触和机器中的电门装置相当。关于进一步阐述机器和生命体在细节上的关系，读者应参看瓦尔特博士和阿希贝（Willian Ross Ashby）博士的极其引人入胜的著作①。

如前所述，机器，和生命体一样，是一种装置，它看来是局部地和暂时地抗拒着熵增加的总趋势的。由于机器有决策能力，所以它能够在一个其总趋势是衰退的世界中在自己的周围创造出一个局部组织化的区域来。

科学家总是力图发现宇宙的秩序和组织性的，所以，他是玩着一种反对我们的头号敌人即组织解体的博弈。这个恶魔是摩尼教的恶魔还是奥古斯丁的恶魔呢？它是一种与秩序对立的力量还是秩序自身的欠缺呢？这两种恶魔的不同之处就在我们为反对它们而采取的不同战术中表现出来。摩尼教的恶魔是一个敌手，它和任何一个注定得胜并将使用任何机巧权术和虚伪手段以取得胜利的敌手一样。具体说，他能给自己的捣蛋策略保密；要是我们对它的捣蛋策略泄露出有所觉察的任何苗头时，那它就会改变策略从而继续把我们蒙在鼓里。另一方面，奥古斯丁的恶魔自身不是一种力量，而是我们弱点的量度；为了揭露它，也许需要用上我们全部的才智，但既然揭露了它，那我们也就在一定意义上征服了它，同时，它也不会以进一步破坏我们为其唯一目的而在一个已被我们弄清的问题上面改变其策略了。摩尼教恶魔跟我们打扑克，不惜采取欺骗手段；这种手段，正如冯·诺伊曼（von Neumann）在其《博弈论》中所作的解释那样，不仅旨在使我们能以欺骗手段取胜，而且旨在防止对方在我们不进行欺骗的诚实基础上取胜。

和摩尼教的这个貌善心毒的恶魔比较起来，奥古斯丁的恶

① W. Ross Ashby, *Design for a Brain*, Wiley, New York, 1952, and W. Grey Walter, *The Living Brain*, Norton, New York, 1953.

魔是个笨蛋。它玩着复杂的游戏，但我们可以用自己的才智彻底打败它，就像洒下圣水一样。

至于说到恶魔的本性，我们知道，爱因斯坦有句格言，这句格言具有比格言更多的内容，它其实是关于科学方法种种依据的陈述。爱因斯坦说："上帝精明，但无恶意。"在这里，"上帝"一词是用来表示种种自然力量的，包括我们归之于上帝的极为谦恭的仆人，即恶魔的力量在内。爱因斯坦的意思是说，这些力量不欺骗我们。也许，这个恶魔的含义和墨菲斯托弗里斯①相距不远。当浮士德询问墨菲斯托弗里斯他是什么东西的时候，墨菲斯托弗里斯回答说："我是永远在求恶而同时永远在行善的那种力量的一个部分。"换言之，恶魔的骗人能力不是不受限制的，假如科学家要在他所研究的宇宙中寻求一种决心和我们捣蛋到底的积极力量的话，那他是白费自己的时间了。自然界抗拒解密，但它不见得有能力找出新的和不可译解的方法来堵塞我们和外界之间的通信的。

自然界的被动抗拒和一位敌手的主动抗拒，这二者之间的差别使人联想到了科学研究工作者和军人或赌徒之间的差别。科学研究工作者随便在什么时候和什么地方都可以从事他的种种实验而不用担心自然界会在什么时候发现他所使用的手段和方法，从而改变其策略。所以，他的工作是由他的最好时机支配着；反之，一位棋手就不能走错一着棋而不会碰上一位机敏的敌手打算利用这个机会而打败他的。因此，棋手之受他的最坏时机的支配要多于受他的最好时机的支配。我对这个论点也许有偏见，因为我觉得我自己能在科学上做出有效的工作，但在下棋的时候，却经常由于自己在紧要关头的轻率大意而遭到失败。

所以，科学家是倾向于把自己的敌手看做一位作风正派的

---

① Mephlstopheles，恶魔名，首见于中世纪后期圣徒浮士德(Faust)传记。这个字大概是希腊文"不爱光"三个字组成的。详见歌德《浮士德》。莎士比亚《温莎的风流娘儿们》(*Merry Wives*，I，i)中也曾提到。——译者注

敌手。这个态度对于他之作为科学家的有效性讲来,是必要的,但这会使他在战争中和政治上容易受到无耻之徒的欺骗。这个态度的另一个结果,就是一般公众对他难于理解,因为一般公众关心一己之敌远甚于关心像自然界这样的敌手的。

我们不得不过着这样一种生活,其中,世界作为整体,遵从热力学第二定律:混乱在增加,秩序在减少。然而,如前所述,热力学第二定律虽然对闭合系统的整体讲来是一个有效的陈述,但它对于其中的非孤立部分就肯定不是有效的了。在一个总熵趋于增加的世界中,一些局部的和暂时的减熵地区是存在着的,由于这些地区的存在,就使得有人能够断言进步的存在。在直接和我们有关的世界中,对于进步和增熵之间的斗争总方向,我们能够表示什么意见呢?

众所周知,启蒙时期孕育了进步观念,虽然在18世纪的时候,有过一些思想家,认为这种进步是遵从报酬递减律的,认为社会的黄金时代不比自己身边所看到的有着太大的不同。在启蒙时期这一建筑物中,以法国革命为标志的裂口,给人们带来了关于任何进步的怀疑。举例说,马尔萨斯(Malthus)注意到了他那个时代的农业几乎陷入了无法控制的人口增加的泥坑中,吃光了当时人们所生产的全部收获物。

从马尔萨斯到达尔文,思想嬗替的线索是清楚的。达尔文在进化论上的伟大革新,就在于他承认进化并非一种拉马克(Lamarck)式的高而更高、好了又好的自发上升过程,而是这样一种现象:生命体在其中表现出了多向发展的自发趋势和保持自己祖先模式(pattern)[①]的趋势。这两种效应的结合就铲除掉了自然界中乱七八糟的发展,同时通过“自然选择”的过程淘汰掉了那些不能适应周围环境的有机体。这样铲除的结果就留下了多少能够适应其周围环境的生命形式之剩余模式(residual

① Model,pattern,form,type,mode是作者常用的术语,但作者在使用时未作详细的区别。本书为方便探讨起见,分别译为模型、模式、形式、典型和样式。——译者注

pattern)。按照达尔文的见解,这个剩余模式便是万有的合目的性的表现。

剩余模式的概念在阿希贝博士的工作中重新提出来了。他用它来解释机器的学习。他指出:一部结构相当无规的和无目的的机器总是存在着若干近乎平衡的状态和若干远乎平衡的状态,而近乎平衡的模式就其本性而言是要长期持续下去的,至于远乎平衡的模式则只能暂时地出现。结果是,在阿希贝的机器中,就像在达尔文的自然界中一样,我们在一个不是有目的地构成起来的系统中看到了目的性,原因很简单,因为无目的性按其本性说来乃是暂时出现的东西。当然,归根到底,最大熵这个极为广泛的目的看来还是一切目的之中最为经久的东西。但是,在其居间的各个阶段中,有机体或由有机体组成的社会将在下述的活动样式中比较长期地保持现状:组织的各个不同部分按照一个多少是有意义的模式而共同活动着。

我认为,阿希贝关于没有目的的随机机构会通过学习过程来寻求自身目的的这一辉煌的思想,不仅是当代哲学方面的伟大贡献之一,而且会在解决自动化的任务中产生高度有用的技术成果。我们不仅能把目的加到机器中,而且,在绝大多数的情况下,一部为了避免经常发生某些故障而设计出来的机器将会找到它所能找到的种种目的的。

甚至早在19世纪时,达尔文的进步观念所产生的影响就不仅限于生物学领域了。所有的哲学家和社会学家都是从他们那个时代的种种富有价值的源泉中来汲取他们的科学思想的。因此,看到马克思及其同时代的社会学家在进化和进步的问题上接受了达尔文的观点,这就不足为奇了。

在物理学中,进步的观念和熵的观念是对立的,虽然二者之间并无绝对的矛盾。凡与牛顿直接有关的理论物理学都一致认为,推动进步并反对增熵的信息,可用极少量的能量或者甚至根本不用能量来传递的。到了20世纪,这个观点已经由于物理学中量子论的革新而改变过来了。

量子论恰恰导出了我们所期望的能量和信息之间的新联系。这种联系的粗糙形式就在电话线路或放大器的线路噪声理论中出现。这种本底噪声看来是无法避免的东西，因为它和运载电流的电子分立性有关，它具有破坏信息的某种能力。所以，线路的通信能力得有一定大小，才能避免消息被自身的能量所淹没。比起这个例子更加基本的事实是：光自身也是原子的结构，一定频率的光是一颗颗地辐射出去的，叫做光量子，它有确定的能量，大小依赖于其频率。因此，辐射的能量不可能小于一单个光量子的能量。没有能量的一定损耗，信息的传递就不能产生，所以，能量耦合和信息耦合之间并无明显的界限。但虽然如此，就大量的实用目的而言，一个光量子乃是极为微小的东西，而一个有效的信息耦合所需的能量传递也是十分微小的。因此，在我们考虑诸如一株树木的生长或一个人的生长这类直接或间接依赖于太阳辐射的局部过程时，局部熵的大量降低也许和十分节约的能量传递有关。这是生物学的基本事实之一，特别是光合作用理论或化学过程理论的基本事实之一。由于光合作用或化学过程，植物才能够利用阳光从水和空气中的二氧化碳制造出淀粉以及其他为生命所需的复杂的化合物来。

因此，我们是否要对热力学第二定律作出悲观的解释，得看我们赋予整个宇宙和我们在其中找到的局部减熵区域这二者各自的重要性如何。要记住，我们自己就是这样一个减熵区域，而我们又是生活在其他减熵区域中。结果是，正常视景因远近距离的不同而产生的差异使我们赋予减熵和增加秩序的地区的重要性远比赋予整个宇宙的重要性大得多。举例说，生命很可能只是宇宙中的罕见现象，它也许仅限于太阳系，如果我们所考虑的任何一种生命，其发展水平得跟我们主要感兴趣的生命相当的话，那生命就是仅限于地球上面的现象了。但虽然如此，我们是居住在这个地球上面的，宇宙中的其他地方之有无生命这桩事情和我们并无太大的关系，而这桩事情当然也跟宇宙的其余部分在大小比例上之占据绝对优势并无关系。

再说，我们完全可以设想，生命是有限时间之内的现象；在最早期的地质年代之前，生命是不存在的；而地球之重返无生命时代，成为烧光或冻结了的行星，也是会到来的。为生命所需的化学反应得以进行的物理条件是极端难得的，对于理解这一点的人们而言，下述结论自然无可避免：能让这个地球上的任何形式的生命，甚至不限于像人这样的生命，得以延续下去，这个幸运的偶然性，非达到一个全盘不幸的结局不可。然而，我们不妨方便地对我们自己作出这样的估价，把生命存在这一暂时的偶然事件以及人类存在这一更加暂时的偶然事件看做具有头等重要的价值，而不必去考虑它们的一瞬即逝的性质。

在一个非常真实的意义上，我们都是这个在劫难逃的星球上的失事船只中的旅客。但即使是在失事船只上面，人的庄严和价值并非必然地消失，我们也一定要尽量地使之发扬光大。我们将要沉没，但我们可以采取合乎我们身份的态度来展望未来。

到此为止，我们所谈的都是悲观主义，它比起感动俗人情绪的悲观主义来，则更多是职业科学家的理智方面的悲观主义。我们已经看到，熵理论和宇宙最后热寂的种种考虑，不一定会有乍看起来似乎存在的那种令人精神十分沮丧的后果。但是，即使这种关于未来的考虑是有节制的，它也不是普通人特别是普通美国人的情绪安宁所能接受得了的东西。在整个趋于衰退的宇宙中，当论及进步的作用时，我们所能指望的顶多是这样：面对着压倒一切的必然性，我们追求进步的目光可以扫清希腊悲剧的恐怖。然而，我们却是生活在一个没有太多悲剧感的时代之中。

美国中产阶级上层的普通儿童的教育都是旨在注意防止他的死亡感和毁灭感的。他在圣诞老人的气氛中长大，当他懂得圣诞老人是神话之后，他就痛哭起来了。的确，他决计不会完全同意把这位神灵从他的万神殿中迁走，而在他往后的生活中，他会花费很多时间去寻找感情上的某种代替物的。

他后来的生活经验迫使他去承认个体死亡的事实，迫使他去承认这个灾难的日益迫近。但虽然如此，他还是试图把这些不幸的现实归溯于偶发事件的作用，还是试图去建立一个没有不幸的人间天堂。对他说来，这个人间天堂是处在永恒的进步之中，是处在越来越伟大、越来越美好的事物的不断出现的进程之中。

我们之崇拜进步，可用两个观点来进行探讨：一是事实观点，一是道德观点，后者提供赞成与否的标准。在事实方面，人们断言：继在美洲发现这个早期进步（它的开端相当于现代文明的开始）之后，我们便进入了一个永无终止的发明时期，进入了一个永无终止的发现新技术以控制人类环境的时期。进步的信仰者们说：这个时期将不断地继续下去，在人类想象得到的未来中看不到尽头。那些坚持把进步观念当做道德原则的人们则认为这个不受限制的近乎自发的变化过程是一桩“好事”，认为它是向后代保证有人间天堂的根据。人们可以不把进步当做道德原则来信仰，只把它当做事实来信仰；但是，在许多美国人的教义中，二者是分不开的。

我们大多数人对于进步观念都是非常熟悉的，这或者是因为我们认识到了一个事实：这个信仰仅仅属于有文字记载的历史中的一个很小的部分；或者是因为我们认识到了另外一个事实：进步和我们自己的宗教教育和传统有着显著的分歧。无论是天主教徒、新教徒或是犹太教徒，都不把尘世看做一块可期得到经久快乐的好地方。教堂对于德行的酬报，不是人间帝王之间所流通的任何一种钱币，而是天国的期票。

从本质上说，加尔文主义者[①]也是承认这一点的，但加上了一个阴暗的注解：能在末日审判中通过严酷考验的上帝选民为数极少，而且他们都是上帝任意选定的。为了获选，什么人世的

① Calvinist，法国宗教改革家 Jean Calvin（1509—1564）所创的教派。旧中国存在过的长老会属之。——译者注

德行，什么道德的修养，统统无济于事。许多善人，将遭谴罚。加尔文主义者甚至不想为自己祈求天国的幸福，他们当然就更加不去指望尘世的幸福了。

希伯来预言家在估价人类未来时远不是乐观的，甚至在估价自己选民以色列人的未来时也是如此；约伯(Job)的伟大德行虽然可以给他以精神方面的胜利，虽然还得到了上帝的恩准，赐还他的羊群、仆人和妻妾，但是，德行并不能确保这个相对幸福的结局之必然到来，除非出自上帝的任意性。

共产党人，和进步的信仰者一样，也在寻求他的人间天堂，但不是为了个人在阴间生存取得酬报。但虽然如此，他相信这个人间天堂不经过斗争是决不会自行到来的。他不相信在你临终之际天上有馅饼，正如他不相信未来有大块的冰糖山一样。伊斯兰教对进步的理想也没有更多的接受能力，伊斯兰这个名称本身就意味着服从上帝的意志。至于佛教以及佛教中关于涅槃和解脱轮回的愿望，我就不用赘言了；它永远是和进步观念相对立的，而这，对于印度所有类似的宗教讲来，同样是正确的。

除了许多美国人在 19 世纪末叶所信仰的那种愉快而消极的进步外，还有一种进步，它似乎具有比较有力的和积极的内涵。对于普通美国人讲来，进步意味着西部的胜利。它意味着美国移民时代边区经济的无政府状态，意味着威斯特(Wister)和罗斯福(Roosevelt)的那些精力充沛的散文。当然，从历史看，边区完全是真实的现象。多年来，美国的发展总是在远处西部的空旷地区这个背景上进行的。但虽然如此，在谈到边区而诗兴勃发的人们当中，大半都是往昔岁月的赞美者。早在 1890 年举行人口调查时就宣告了真正边区条件的结束。取之不尽、用之不竭的国内巨大资源，其地理界限已经清楚地划定了。

普通人很难有一副历史眼光看到进步必将减退到它所固有的规模。在美国南北战争中，大多数人用来作战的滑膛枪只不过是滑铁卢战场上所使用的武器的微不足道的改进而已，这种武器又几乎和低地国家马尔勃劳[①]军队的明火枪相当。但是，手提射击武器从 15 世纪或者更早的时候起就已经有了，而大炮的出现还要早过 100 年。值得怀疑的是，滑膛枪的射程是否远远超过最好的长弓，虽然我们确知它们在射击速度和准确性上决不相等；然而长弓乃是石器时代以来几乎没有什么改进过的发明。

还有，造船技术虽然从来没有完全停滞过，但木制战船直到它废弃不用的前夕都是 17 世纪初叶以来其基本结构完全不变的模式，而其原型甚至可以回溯到许多世纪以前。哥伦布的水手之一可以是法拉各(Farragut)船上的干练海员。出身于从圣保罗到玛尔塔的航船上的水手甚至有充分理由在本国充当康纳德(Conrad)三桅帆船的前舱手。一位来自达西亚边区的罗马牧牛人，把长角的小公牛从得克萨斯草原赶到铁路终点站，看来是个十分能干的牲畜商(Vaquero)，虽然在他到这那儿的时候，会由于自己的所见所闻而惊骇万分。一位管理神庙财产的巴比伦人既不用学习簿记也不用学习指挥奴隶的本领便能经营一个早期美国南部的大农场。总之，在那个时期中，绝大多数人的主要生活条件总是重复不变的，而革命性的变化甚至在文艺复兴和大远航之前都还没有开始，人们直到完全进入了 19 世纪之前都还设想不到我们今天认为理所当然的那种加速前进的步伐。

在这些情况下，要在早期历史中找到能与蒸汽机、汽船、火车、现代冶金术、电报、横渡大洋的海底电报、电力的普遍应用、炸药和现代高爆炸力导弹、飞机、电子管和原子弹等等相匹敌的发明物，那是徒劳无益之举。冶金学预告了青铜时代的开始，但是，这方面的发明既不是集中在某个时候出现的，也缺乏丰富多样的内容，所以不能以之作为有力的反证。古典经济学家会利用这种情况而温文尔雅地来说服我们，要我们相信这些变化纯粹是

---

① 低地国家是荷兰、比利时和卢森堡的总称，马尔勃劳大公(Marlborough，1650—1722)是英国将军。——译者注

程度上的变化，而程度上的变化就不会破坏历史的类似性了。一剂番木鳖硷和一剂假毒药的差别也只是程度上的差别了。

科学的历史学和科学的社会学都是用下述概念为依据的：所讨论的各种特殊事例都有充分的类似性，因为不同时期的社会机制都是相关联的。但是，毫无疑问，自从现代史开端以来，现象的整个尺度产生了巨大的变化，因为我们很难把过去历史时期的政治观念、国家观念和经济观念转用于现代。几乎同样明显的是，以美洲发现开始的现代史本身就是一个截然不同的历史时期。

在美洲发现时期，欧洲第一次认识到了有一个地广人稀的地区，能够容纳比欧洲自身还多得多的人口；这块大陆充满了有待勘探的资源，不仅有金矿、银矿，还有其他商业物资。这些资源似乎取之不尽，用之不竭；的确，从1500年的社会发展的规模看来，耗尽这些资源并使这些新建的国家达到人口饱和的程度乃是非常遥远的事情。这450年要比大多数人企图展望到的远得多了。

但是，新大陆的存在促使人们产生了一种并非不像《爱丽丝疯茶会》[①]的态度。当一份茶点吃光了，对于疯帽匠和三月兔说来，最自然不过的事情就是跑去占有邻座的一份。当阿丽丝问他们这样转了一圈重新回到他们原先座位时将会发生什么事情，三月兔就改变了话题。对于那些全部过去历史不到5000年却期望着千年至福[②]和末日审判会在很短的时间内突然降临的人们说来，疯帽匠的这种策略似乎是最最通情达理的了。随着时间的推移，美国的茶桌已被证明不是吃不光的；而且，就事实而论，丢掉一份再抢另外一份的速度是增加了，可能还要以更快的步伐来增加。

---

① 参见卡洛尔(Lewis Carroll)《爱丽丝漫游奇境记》(*Alice in Wonderland*)第七章，该章题为《疯茶会》，茶会是疯帽匠(Mad Hatter)和三月兔(March Hare)举办的。三月兔是发情期的兔子，喻疯狂之意。——译者注

② 《圣经启示录》，第20章，第1～5节，预言耶稣将再到人间做王千年。——译者注

许多人认识不到最近400年乃是世界史上的一个非常特别的时期。这个时期所发生的变化，其步调之快，史无前例；就这些变化的本质而言，情况也是如此。它一部分是通信加强的结果，但也是人们对自然界加强统治的结果，而在地球这样一个范围有限的行星上，这种统治归根到底是会加强我们作为自然界的奴隶的身份的。因为，我们从这个世界取出的愈多，给它留下的就愈少，到最后，我们就得还债，那时候，就非常不利于我们自己的生存了。我们是自己技术改进的奴隶，我们不能把新罕布什尔(New Hampshire)的一个农庄还原为1800年那种自给自足的经济状态，正如我们不能通过想象给自己的身高增加一腕尺(cubit)[①]，或者用更恰当的比喻来说，不能缩小一腕尺一样。我们是如此彻底地改造了我们的环境，以致我们现在必须改造自己，才能在这个新环境中生存下去。我们再也不能生活在旧环境中了。

进步不仅给未来带来了新的可能性，也给未来带来了新的限制。看来进步自身和我们反对增熵的斗争都似乎一定要以我们正在力图避免的毁灭道路为结局。然而，这种悲观主义的情绪仅仅是以我们的无知无能为前提的，因为我坚信，一旦我们认识到新环境所强加于我们的新要求以及我们掌握到的符合这些新要求的新手段时，那么，在人类文明毁灭和人种消灭之前，仍然还有一段很长的时间，虽则它们终将是要消灭的，就像我们生下来都要死去一样。但是，最后热寂的前景乃是远在生命彻底毁灭之后才会出现的东西，这对人类文明和人种说来同样是正确的，就跟对其中的个体说来同样是正确的一样。我们既要有勇气面对个人毁灭这样一桩确定无疑的事实，同样，我们也要有勇气面对我们文明的最后毁灭。进步的单纯信仰不是有力的信念，而是勉强接受下来的因而也是无力的信念。

---

① 腕尺，约折合18～22英寸。——译者注

第三章

定型和学习：通信行为的两种模式

Ⅲ *Rigidity and Learning:*
· *Two Patterns of Communicative Behavior* ·

在蚂蚁社会中，每个成员都执行着各自特定的职能。其中也许还存在着专职的士兵阶级。某些高度特殊化的个体执行着皇帝或皇后的职能。如果采用这种社会作为人类社会的模式，那我们就会生活在法西斯的国家中，其中每一个体生来就命中注定了有着自己特定的职业：统治者永远是统治者，士兵永远是士兵，农民不外乎是农民，而工人则注定了是工人。

本章的主题之一就是指出：法西斯主义者之所以渴望用蚂蚁社会作为模型来建立国家，乃是对蚂蚁和人二者的本性都有严重的误解所致。

如前所述，某些种类的机器和若干生命体，特别是比较高级的生命体，都能在过去经验的基础上来改变自己的行为模式，从而达到反熵的特定目的。在这些比较高级形式的能够进行通信的有机体中，作为个体过去经验的环境是能够把个体的行为模式改变得在某种意义上更加有效地来对付其未来环境的。换言之，有机体并不像莱布尼兹钟机式的单子那样，同宇宙作预定的和谐，而是和宇宙及其未来的种种偶然性依据实际情况而寻求着新的平衡。它的现在不同于它的过去，而它的未来又不同于它的现在。在生命体中，就像在宇宙自身之中那样，分毫不差的重复是绝对不可能的。

就生命体和机器之间的类比而言，阿希贝博士的工作可能是我们目前对这个问题的最伟大的贡献。学习，和比较简单的反馈形式一样，也是一种从未来看过去和从过去看未来有所不同的过程。关于显然合目的的有机体这一整个概念（不论这概念是机械的、生物学的或是社会的），都是时间之流中具有特定方向的一根飞箭，而不是两端都有箭头的可以向着其中任一方向前进的线段。能学习的生物不是古代神话中的两头蛇，两端都有头，走哪儿去都无所谓。能学习的生物是从已知的过去走向未知的未来，而这未来是不能和过去互换的。

让我再举另外一个例子来弄清反馈在学习方面的作用。当巴拿马运河各水闸上的巨大控制室在工作着时，它们都是双向的通信中心。控制室不仅要发出信号以控制牵引机车的运转、控制闸口的开和关、控制水门的开和关，而且，室里还摆满了仪表，它们除表示机车、闸口和水门已经收到它们的命令外，还要表示它们实际上已经有效地执行了这些命令。如果情况不是这

◀剑桥大学的学生经常通过划船为游客做导游来助学！剑桥大学总体感觉很美，分为很多学院，合起来称为剑桥大学，可以用“城市中的大学和大学里的城市”来概括。

样，水闸管理人就会很快地想到也许有一部牵引机车停顿了，或是一艘巨吨级的军舰冲进了水门，或是其他许多类似的不幸事件之一发生了。

控制原理不仅可以应用于巴拿马运河的水闸，而且可以应用于国家、军队和个人。在美国独立战争时期，由于英国不慎之故，已经下达的命令未能使一支由英国本土指挥的从加拿大开来的英国军队和另一支从纽约开出的英国军队在沙拉托加会师，以致英国柏戈因(Burgoyne)部队遭到惨败，其实一个周密考虑好的双向通信程序就能避免这种情况。由此可知，行政官吏，不论是政府的、大学的或公司的，都应该参与双向的通信流，而不仅是从事自上到下的单向通信。不然的话，上级官员就会发现他们的政策是建立在他们下属对种种事实的全盘误解上面了。再有，对于演说家讲来，最困难的任务莫过于向一个毫无表情的听众讲话了。戏院中热烈鼓掌的目的，就其本质而言，就是要在演员心中引起一些双向通信的。

社会反馈这个问题对于社会学和人类学具有非常巨大的意义。人类社会的通信模式极其多种多样。有些社会，例如爱斯基摩人那样的社会，看来是没有领袖制度的，社会成员之间的从属关系也是很不显著的，所以，这个社会团体的基础只不过是在气候和食物供应的非常特别的条件下谋求生存的共同愿望而已。有些社会分成许多阶层，在印度就可以找到这样的社会，其中，二人之间的通信手段受到自家门第和社会地位的严格限制。有些社会是由专制君主统治着，两个臣民之间的每一关系都要从属于君臣之间的关系。还有由领主和农奴构成的等级制度的封建社会，它们具有非常特殊的社会通信技术。

我们大多数美国人都喜欢生活在相当轻松的社会团体中，在这样的社会里，个体之间和阶级之间的通信障碍不是太大的。我的意思并不是说，美国在通信方面已经达到了这种理想。在白人至上还是全国大部分地区的信条的情况下，这个理想总是达不到的。但是，这种限制多端、形式不定的民主，对于许多以效率作为最高理想的人们说来，甚至还是认为太无政府主义了。这些崇拜效率的人们喜欢让每一个人从孩提时代起就在指定给他的社会轨道上活动，执行着束缚他就像奴隶之被束缚在泥土上面一样的社会职能。在美国的社会图景中，存在着这些倾向，存在着这种对未知未来所蕴涵的种种机会之否定，这是可耻的。由于这个缘故，许多人虽然一心一意依恋着这种永远派定人们社会职能的秩序井然的国家，但若迫使他们公开承认这一点，那他们就会感到狼狈不堪了。他们只能以其行动来表示自己明显的偏爱。可是这些行动也是够明确突出的了。商人用一批唯命是从的人围绕在自己周围，从而使自己和他的雇员们隔离开来；或者，一个大研究所的领导人给每一属员指定一个研究专题，但不给他独立思考的权利，以免他超出这个专题的范围并窥见研究工作的全部要领。这些都表明了他们所尊重的民主并非真正是他们愿意生活于其中的秩序。他们所向往的预先指定各人社会职能的秩序井然的国家，令人想起了莱布尼兹的自动机，它在通向偶然性的未来时，不会提供不可逆转的活动，而这种活动却是人的生活的真正条件。

在蚂蚁社会中，每个成员都执行着各自特定的职能。其中也许还存在着专职的士兵阶级。某些高度特殊化的个体执行着皇帝或皇后的职能。如果采用这种社会作为人类社会的模式，那我们就会生活在法西斯的国家中，其中每一个体生来就命中注定了有着自己特定的职业：统治者永远是统治者，士兵永远是士兵，农民不外乎是农民，而工人则注定了是工人。

本章的主题之一就是指出：法西斯主义者之所以渴望用蚂蚁社会作为模型来建立国家，乃是对蚂蚁和人二者的本性都有严重的误解所致。我愿意指出，昆虫的生理发展自身决定了它在本质上是一个愚蠢的、不会学习的个体，注定了不能有任何较大程度的改变。我还愿意表明，这些生理条件如何使昆虫成为一种廉价的、可以大量生产的东西，不比一只纸做的、用过一次就要扔掉的馅饼盘子具有更多的个体价值。在另一方面，我愿意表明，人之所以能够进行大量学习和研究工作（这差不多会占去他的半生时间），乃是生理地装备了这种能力的，而蚂蚁则缺乏这种能力。多样性和可能性乃是人的感官所固有的特性，而且它们确实是理解人的壮丽飞跃的关键所在，因为多样性和可能性都是人的结构本身所特有的东西。

我们即使可以把人的远远超过蚂蚁的优越性弃置不顾，用人做材料来组织一个蚂蚁式的法西斯国家，但我确信这种做法乃是人的本性的贬值，从经济上说，也是人所具有的巨大价值的浪费。

我想，我是相信人类社会远比蚂蚁社会有用得多的；要是把人判定并限制在永远重复执行同一职能的话，我担心，他甚至不是一只好蚂蚁，更不用说是个好人了。那些想把我们按照恒定不变的个体职能和恒定不变的个体局限性这一方式组织起来的人，就是宣判了人类只该拿出远低于一半的动力前进。他们把人的可能性差不多全部抛弃掉了，由于限制了我们可以适应未来偶然事件的种种方式，他们也就毁掉了我们在这个地球上可以相当长期地生存下去的机会。

现在让我们回头来讨论一下蚂蚁的个体结构中那些使蚂蚁社会之所以成为非常特殊事物的局限性。这些局限性在蚂蚁个体的解剖学和生理学上都有其深刻的根源。昆虫和人二者都是呼吸空气的生物形式，都是从水生动物的方便的生活条件经过漫长的时间而后过渡到受陆地限制的、要求极为严格的产物的代表。从水界到陆界的这种过渡，不论在什么地方发生，都要引起呼吸系统、循环系统、有机体的机械支架以及感觉器官等等方面的根本改造。

陆生动物的躯体之在机械方面的增强是沿着几条互不相关的道路前进的。大多数软体动物的情况就跟某些其他生物群（它们虽然和软体动物无关，但在基本特点上都具有类似于软体动物的形式）的情况一样，都是从外皮的某个部分分泌出一种无生命的、含钙的组织体，叫做甲壳。这个东西从动物的早期阶段起到它的生命结束止都在不断地添加着。那些依螺旋形式发展的生物群只要用这个添加过程就足以说明它们。

如果甲壳对动物起到保护作用，而动物在其以后的阶段中又长得相当大的话，那么甲壳一定是一种非常可观的负担，仅能适用于蜗牛式的移动缓慢而生活安静的陆生动物了。在其他带壳的动物中，壳愈轻，负担愈少，但与此同时，防卫的力量也就愈差。壳的构造具有沉重的力学负荷，它在陆生动物中只是一个不大的成就。

人自身代表着另外一个发展方向，这在所有脊椎动物中都可以看出；在无脊椎动物中，至少像鲎[1]和章鱼那样高度发展的无脊椎动物也是标志着这个方向的。在这一切的生物形式中，结缔组织内部的某些部分凝聚起来了，不再是纤维状的了，它们变成一种密集而坚硬的胶状物。躯体的这些部分叫做软骨，旨在附着那些有力的为动物活跃生命所需的肌肉。在高等脊椎动物中，这种原始软骨质的骨骼起着临时支架的作用，继而代之的是更加坚硬的材料，叫做骨，它就更加合乎附着有力的肌肉的要求了。这些由骨或软骨构成的骨骼，在任何严格意义上都不是大量活组织构成的，但是，在这一整块的胞间组织之内，却充满了细胞、细胞膜和营养血管等活的结构。

脊椎动物不仅发展了内骨骼，而且发展了其他特性以适应它们活跃生命之所需。它们的呼吸系统，不论其形式是腮，是肺，都能很好地适应外部媒介物与血液之间进行积极的氧交换，而其效率要比一般无脊椎动物的血液大得多，因为脊椎动物的血液含有集中在血球里的输送氧气用的呼吸色素。这种血液是在效率较高的心脏抽送之下在一个封闭的血管系统中流通着，而不是处在一个由不规则的心窦（sinuses）所构成的开放系统中。

昆虫和甲壳类以及一切节足动物是以完全不同的生长方式

① limulus，一种巨蟹，产于美洲海岸。——译者注

建成的。节足动物的躯体外部包围着一层甲壳质，这是由表皮细胞分泌出来的。甲壳质是一种和赛璐珞很接近的致密物质。在动物躯体的接合部位，甲壳质层很薄，而且比较柔软，但在其余部位，则是坚硬的外骨骼，这些我们在大虾和蟑螂身上都可以看到。内骨骼，例如人的，能够随同一切组织的生长而生长。外骨骼就不能这样了，除非像蜗牛那样通过添加来生长。外骨骼是死组织，没有内在的生长能力。它的作用是给躯体以坚强的防护，也供肌肉的附着之用，但它等于一件紧身衣。

在节足动物中，内部生长可以变换为外部生长，这只要脱去旧的紧身衣并在旧衣下面长出一件新衣来就行了，新衣开头是柔软的、可弯曲的并且能够采取稍微新颖和宽大的样式，但它很快就会变成旧衣的样子，硬化起来了。换言之，它们的生长阶段是以一定的脱皮周期为标志，甲壳类脱皮比较经常，昆虫脱皮则少得多。幼虫期可以有好几个脱皮阶段。蛹期就是其过渡形态，这时，本来在幼虫期不起作用的翅内在地向着官能状态发展。这个发展过程在接近蛹期的最后阶段才达到完成，而这一次脱皮便使它完全成年。成年之后就永远不再脱皮了。这就是昆虫的性阶段，在大多数的情况下，虽然它这时还有食用食物的能力，但有些昆虫的口腔和消化管道停止发育，所以，这种昆虫称为成虫(imago)。成虫只能配偶，产卵，而后死去。

在脱掉旧衣并长出新衣的过程中，神经系统是参与作用的。虽然我们有一定数量的证据来说明从幼虫过渡到成虫时有某种记忆保持着，但是，这种记忆的范围不能很广。记忆的生理条件以至于学习的生理条件看来就是组织性的某种连续，即把来自外界的由感官印象所产生的变化变作结构或机能方面的比较经久的变化。昆虫的变形太彻底了，以至于无法把这些变化的经久记录较多地保留下来。我们的确很难设想，经过了这样严重的内部改造过程之后，还能够继续保持着一种具有任何精确程度的记忆。

昆虫还受到另外一种限制，这和它的呼吸方法与循环方法有关。昆虫的心脏是一个非常弱小的管状结构，它不是和那些具有确定外形的血管相通，而是和外形不确定的、把血液输送到各种组织中去的腔或窦相通。这种血液是没有红血球的，但在溶液中含有血色素。这种输氧方式看来肯定要比通过血球的输氧方式低级得多。

此外，昆虫组织的充氧方法至多是局部地利用了血液。这种动物的躯体中有一个枝状的气管系统，它直接地从外部把空气吸入需氧的组织中去。这些气管都由螺旋状的甲壳质纤维保护着，以免受损，所以它们是被动地开放着的，我们无论在哪儿也找不到证据来说明昆虫有一个主动的、有效的气泵系统。昆虫的呼吸只是通过扩散的方式来进行的。

值得注意的是，通过扩散把新鲜空气带进来又把用过的含有二氧化碳的脏空气带出体外的乃是同一个气管系统。在扩散的机制中，扩散时间不是随气管长度而变化，而是随着管长平方而变化。因此，一般讲来，系统的效率随着动物躯体的增大而极其迅速地降低下来，对于相当大的动物而言，系统的效率就会降低到生存点以下。因此，从昆虫的结构看来，它不仅不可能有最好的记忆，而且不可能生长得更大一些。

为了说明昆虫的尺寸受到上述限制的意义，让我们比较一下两种人工结构——小屋和摩天大楼。小屋的通风条件完全可以通过窗框附近的空气流通而得到适当的保证，无须考虑管道通风问题。另一方面，在分成许多单元的摩天大楼中，把强力通风系统关上，就会在几分钟之内使工作场所的空气变得不可忍受的污浊。对于这样的结构，扩散乃至对流的通风办法都是不够用的。

昆虫全部尺寸的最大值要比脊椎动物小，但是，构成昆虫的那些基本元件并不总是小于人的甚至鲸鱼的基本元件。昆虫的神经系统依其躯体大小也成为小尺寸的，然而，它所含有的神经元不比人脑的小多少，虽则它们在数量上少得多了，而其结构也远不如人的复杂。就智力问题而言，我们应该想到，起作用的不仅是神经系统的相对尺寸，而且，在很大程度上，是它的绝对尺寸。在昆虫的小而又小的结构中，肯定没有地方来安置非常复杂的神经系统，没有地方来存储大量的记忆的。

从不可能存储大量的记忆这个观点看来，昆虫就没有机会学习到很多的东西了，这也可以从下述事实看出：在生长的过程中，由于发生过生理变形这样重大的灾难，一只像蚂蚁这样的昆虫，其幼年期是采取了与成年期毫不相关的生活形式度过的。此外，昆虫在成年期的行为必须在本质上一开始就是完整的，这就清楚地说明了，昆虫的神经系统所收到的种种指令一定基本上是其构成方式的结果，而非任何亲身经验的产物。因此，昆虫很像那种预先把全部指令都陈述在“纸带”上的计算机，几乎没有什么反馈机制来帮助它在不确定的未来中采取行动。蚂蚁的行为主要是本能问题，而非智力问题。昆虫在其中长大起来的生理方面的紧身衣直接决定了调节其行为模式的心理方面的紧身衣。

读者在这里也许要说：“好了！我们早已知道蚂蚁之作为个体不是很聪明的，那又何必庸人自扰地讲了一大堆它不能聪明的道理呢？”答案在于，控制论采取了这样的观点：机器或有机体的结构就是据之可以看出其演绩的索引。昆虫的机械定型就是这样地限制了它的智力的，而人的机械可变性则为其智力发展提供了几乎毫无限制的前景。这个事实与本书的观点密切相关。从理论上说，如果我们能够造出一部机器，其机械结构就是人的生理结构的复制，那我们就可以有一部机器，其智能就是人的智能的复制。

在行为定型问题上，与蚂蚁差别最大的无过于一般哺乳类，特别是人。我们经常看到，人是幼态(neoteinic form)的，这就是说，如果我们把人和他的近亲——类人猿比较一下，那就会发现，成年人在头发、头形、体形、身体比例、骨骼结构和肌肉等等方面都和刚刚生下来的类人猿更加相似，而不那么像成年的类人猿。在动物之中，人就是永远长不大的彼得·潘[1]。

解剖学结构上的这种不成熟性是和人的童年期很长这一点相对应的。从生理学看，人在过完他的正常寿命的五分之一以前都还没有达到他的青春期。让我们用这一点和老鼠的相应比率作个比较。老鼠可以活三年，但是，三个月过后，它就开始生殖。这是十二与一之比。在绝大多数的哺乳动物中，老鼠的这个比率与人相较是近乎标准的。

大多数哺乳动物的青春期，或是标志着保护期的结束，或是标志着其青春期的到来远在保护期的结束之后。在我们的社会中，人不到21岁不算成年，而现代高等职业所需的受教育时间大约要延续到30岁，实际上已经过了体力最强壮的时期。因此，人在做学生方面所花费的时间可以达到他的正常寿命的百分之四十，其道理又是和他的生理结构有关。人类社会之建立在学习的基础上面乃是一桩十分自然的事情，这就像蚂蚁社会之建立在遗传模式的基础上面一样。

和其他的有机体一样，人也是生活在偶然性的宇宙之中，但是，人比其他生物优越之处就在于他具有生理上的因而也具有智力上的装备，使得他能够适应环境中的重大变化。人种之所以是强有力的，只是因为它利用了天赋的适应环境的学习能力，而这种可能性则是它的生理结构所提供的。

我们已经指出，一个有效的行为必须通过某种反馈过程来取得信息，从而了解其目的是否已经达到。最简单的反馈就是处理演绩成败的总情况的反馈，例如我们是否真的抓住了我们想要抓起来的东西，又如一支先头部队是否在指定时间到达了指定地点。但是，还存在着许多别的形式的、具有比较复杂性质的反馈。

我们常常有必要知道行为的总策略，例如战略，是否已经证

---

① Peter Pan，苏格兰戏剧家巴里(Sir James Barrie，1860—1937)著的一部儿童英雄剧的标题和主人公，代表不朽的青年精神。——译者注

实为成功的。当我们教导动物通过迷宫去寻找食物或避免电击时，它必须能够把通过迷宫的总计划之成功与否全面地做出记录，还得有能力修改这个计划以便有效地通过迷宫。这种形式的学习肯定是一种反馈，但它是较高级的反馈，亦即它是策略性的反馈，而不是简单动作的反馈。就B. 罗素（Bertrand Russell）所讲的"逻辑类型"而言，这种反馈是不同于那些比较基本的反馈的。

这种行为模式也可以在机器中找到。晚近在电话接线技术方面的革新对于人的适应能力提供了一个有趣的机械方面的类比。在整个电话工业中，自动交换机很快地就胜过了手工操作的交换机，人们似乎还这样认为，现在的自动接线装置就是一个近乎完善的东西了。然而，稍微想一想，人们就可以明白，现在的接线过程是非常浪费设备的。我真正想用电话联系的人们是有限的，今天和我通话的大部分人就是昨天和我通话的那些人，日复一日，周复一周，都是如此。我就是使用电话设备来和这批人建立通信联系的。现在，由于普遍采用了目前的接线技术，以致接通每天同我们打四次、五次电话的人的接线过程和接通那些也许过去从未和我们通话的人的接线过程无法区别开来。从电话线负荷应当均等的角度看，我们可以利用的电话设备，不是对经常的传呼户太少，就是对不经常的传呼户太多，这种情况使我想起了霍尔墨斯的《单马车》这首诗篇来[①]。你们大概都还记得，这辆古老的马车，在使用了100年之后，表明了它自身的设计是如此之精致，以致无论是车轮、车顶、车杠或座位，都没有显示出任何不经济的、其磨损程度超过了其他部分的地方。实在说，"单马车"乃是尖端技术的代表，它不单是一个幽默的幻想。要是车箍比辐条或是挡泥板比车杠耐久些，那这些耐久的部件

① 该诗全名为《奇异的单马车》（*The Wonderful One-hoss Shay*），是美国作家霍尔墨斯（Oliver Wendell Holmes，1809—1894）的著名诗篇之一。该诗又题为《教会执事的杰作》（*The Deacon's Masterpiece*）。——译者注

就会使若干经济价值浪费掉了。这些经济价值或者可以节省下来而不损害整个车辆的耐久性，或者可以平均分配给全车使它更加耐久些。的确，任何不具“单马车”这种性质的结构都是浪费地设计出来的。

这也就是说，就最经济的服务而言，把我跟某甲的联系过程（此人我一天跟他打三次电话）和我跟某乙的联系过程（此人在我的电话本上是不受注意的一户）等量齐观，不是理想。假如稍微多分配一些我跟某甲直接联系的手段，那我即使花费加倍的等候时间来和某乙接通也是完全可以补偿过来的。如果这样，那我们就可以不费多少钱而设计出一部仪器来记录我过去的谈话，按照我过去使用线路的频数重新分配给我一个服务度，那它就会为我服务较好，或花钱较少，或二者兼而有之。荷兰菲力普电灯公司已经成功地做到这一点。借助罗素所讲的“高级逻辑类型”的反馈，它的服务质量已经得到了改善。这种设备具有较多的变化，较大的适应性，工作起来比常见的设备更为有效，因为常见的设备都具有熵趋势，概率大的压倒了概率小的。

重讲一下：反馈就是一种把系统的过去演绩再插进它里面去以控制这个系统的方法。如果这些结果仅仅用作鉴定和调节该系统的数据，那就是控制工程师所用的简单的反馈。但是，如果说明演绩情况的信息在送回之后能够用来改变操作的一般方法和演绩的模式时，那我们就有一个完全可以称之为学习的过程了。

另外一个关于学习过程的例子见于预测机的设计工作中。在第二次世界大战初期，防空火力的效率较差，以致有必要去发明一种仪器，要求它能够跟踪飞机的位置，计算出飞机的距离，确定炮弹在击中它之前在空中所经历的时间，还要算出在该时间终了时飞机将要达到的位置。如果飞机能够采取完全随意的逃避动作，那我们的任何技巧都无法掌握我们所不知道的飞机在高射炮开始射击和炮弹到达目标附近这段时间内的运动。但是，在许多情况下，驾驶员不是或者不能采取随意逃避动作的。

他受到这一事实的限制：如果他快速转弯，离心力会使他失去知觉；他还受制于另一事实：飞机的控制机构和飞行员所受的驾驶训练实际上迫使他遵守某些有规律的控制习惯，甚至在其逃避动作中也不例外．这些规律性不是绝对的，而是多次实践所表现出来的统计优势。对于不同的飞行员来讲也许是不同的，对于不同的飞机来讲则肯定是不同的。让我们记住：在追踪快得像飞机这样的目标时，计算者是没有时间拿出仪器来计算飞机飞向何处的。全部计算程序都必须编进高射炮本身的控制系统中。这个计算程序必须包括我们对一定类型的飞机在不同飞行条件下的过去统计经验的数据在内。现在所用的高射炮都附有一个校准仪器，仪器或者使用这类固定数据，或者对这些有限个的固定数据作选择使用。它们的正确选择可依炮手的需要而随意更变，按一下电钮就行了。

但是，还有另一级的控制问题，它也是可用机械方法来解决的。通过对飞机飞行的实际观测求得其统计材料，再把这些统计材料变换成控制高射炮的规则，这个问题本身就是特定的数学问题。和通过实际观测来追踪飞机的办法相比，按照给定规则来追踪飞机的办法是相对缓慢的，因为它得对飞机过去飞行的情况作大量的观测。但虽然如此，要使这个长时间的活动就像短时间的活动那样地机械化起来，不是不可能的。因此，我们有可能去建造一种防空武器，它自身能对飞行目标的运动情况作统计的观测，然后对这些材料进行加工，把它们编成一个控制系统，最后以该系统作为快速调整的方法，使武器的位置对准所观测的飞机位置及其运动。

就我所知，这一点目前还没有做到，但它已经纳入我们的研究范围，而且有希望应用于其他预测问题中。防空武器之能够根据飞机的特定运动来进行瞄准和射击，这样一个总计划的构成，就其本质讲来，是一种学习行为。这是防空武器计算机构中的程序带的变化，它和数字数据的解释过程并无太大的不同。事实上，它是一种非常一般的反馈，能对仪器操作的整个方法做出改变。

我们这里所讨论的高级学习过程仍然受到所在系统的机械条件的限制，它显然不与人的正常学习过程相当。但是，从该过程出发，我们可以推导出一些完全不同的方法使复杂类型的学习过程得以机械化起来。这些方法的指导思想是由洛克(Locke)的联想学说和巴甫洛夫(Pavlov)的条件反射理论分别给出的。但是，在我讨论它们之前，我要先做一些普通的解释，来答复对我下面将要提出的见解的某些批评。

让我再讲一下关于学习理论可能建立的根据。神经生理学家的绝大部分工作都是研究神经纤维或神经元的冲动传导，而这个过程是以"不全则无"的现象给出的。这就是说，如果一刺激沿神经纤维到达其上的某点或某端，它就沿着该处的某一神经纤维传播下去，只要它在相对短的距离内不消失掉，那么，该刺激在神经纤维的较远点上所产生的效应与其初始强度本质上无关。

这些神经冲动沿着一根纤维传播到另一根纤维是要经过其间的连接点即所谓突触这个地方的，在这个地方，一根输入纤维可以和多根输出纤维相接，而一根输出纤维也可以和多根输入纤维相接。在这些突触中，单根输入神经纤维所提供的冲动往往不足以产生一个有效的输出冲动。一般地说，从输入突触到达一给定输出纤维的各个冲动如果太少，则输出纤维不作应答。我这里所说的太少，并非必然地意味着所有的输入纤维的作用相同，甚至也不是必然地意味着有了一批从事输入活动的突触作为连接点，则输出纤维的应答与否这个问题就可以一劳永逸地得到解决。我也不想忽视这样的事实：有些输入纤维不仅不在它们所连接的输出纤维中产生刺激，反而有阻止这些输出纤维接受新刺激的趋势。

无论如何，冲动沿神经纤维传导的问题，即使可用颇为简单的办法来描述，例如，用全或无的现象来描述，但是，一冲动通过突触层的传递问题仍然要取决于复杂的应答模式，其中输入纤维的某些组合能在某一限定时间内激发，使消息作进一步的传递，而其他组合就不是这样。这些组合不是一成不变的，甚至也不仅仅取决于该突触层过去接收消息的情况。大家知道，它们是随温度而变化的，很可能还随着许多其他因素而变化。

关于神经理论的上述见解和那些由一系列开关装置组成的机器的理论相符。在这种机器中，后面开关的接通取决于前面一批相关开关的同时接通这样一种精确配合的行动。这种"全或无"的机器叫做数字计算机。它在解决各种各样通信和控制的问题上有着很大的便利。特别是，由于它仅仅是在"是"和"否"之间做出决定，这就使得它的积累信息的方式很便于我们在非常庞大的数字中把极为细小的差别区分出来。

除了这些按照是和否的原则来工作的机器外，还有其他计算机和控制机，它们是用来测量的，不是用来计数的。这类机器叫做模拟计算机，因为它们的操作是以待测的量和代表它们的数值量之间的类比关系为根据。模拟计算机的例子之一就是计算尺，它和进行数字运算的台式计算机完全不同。凡用过计算尺的人都懂得，印有刻度的标尺和我们眼睛的准确度都给我们在尺上所能读到的精密度带来了明显的限制。这些限制，并非如人们所想的那样，只要把尺子造得大一些，就可以方便地得到解决。十英尺长的计算尺只比一英尺长的计算尺增加十分之一的精密度，为了取得这个精密度，我们不仅要把大计算尺的每一英尺造得和小计算尺的精密度相同，而且这一英尺和那一英尺接续起来的排列方向又必须和小计算尺所预期的精密度相一致。除此以外，保持大尺的刚性这个问题要比保持小尺的刚性麻烦得多，这就使得我们依靠增大尺寸来增加精密度的办法受到了限制。换言之，从实用目的看来，用作测量的机器不同于用作计数的机器，因为它的精密度受到了极大的限制。把这一点加到生理学家对全或无活动的偏爱上面，那我们就不难理解为什么对人脑的机械模拟所做过的大部分工作都要在不同的程度上以计数作为基础。

但是，假若我们过分坚持人脑是一部值得推崇的数字计算机，那我们就要受到某种非常公正的批评了。批评可以部分来自生理学家，部分来自心理学家，后者是跟那些不喜欢用机器作对比的心理学家们多少持着相反意见的。我讲过，数字计算机中有程序带，它决定所要完成的操作程序，而程序带在过去经验基础上的变化就和学习的过程相当。在人脑中，最最显见的类似于程序带的地方就是突触阈的确定性，即激发一个与之相连的输出神经元的那些输入神经元要在彼此之间作出精确组合的确定性。我们已经知道，这些阈值随着温度而变化；我们没有理由认为，它们不随血液的化学成分以及许多自身根本没有全或无性质的现象而变化。因此，在考虑学习问题时，采用神经系统的全或无理论，我们就必须特别当心，如果我们对这个概念还没有做过理论上的批判，而又没有特定的实验证据来支持这个假设的话。

常常有人说，任何一个适用于机器的学习理论都是不存在的。也有人说，就我们目前的认识水平而言，我所能提出的任何一种学习理论都不免为时过早，它和神经系统的实际情况大概不对头。我希望从这两种批判意见的夹缝中穿过去。一方面，我希望提出一种制造学习机器的方法，要求这个方法不仅能够使我造出一些特定的学习机器，而且能够给我提供一种制造多种多样学习机器的一般工程技术。只有在我达到这种一般性的程度时，我才能够免除下述的批评：我所主张的类似于学习的那种机械过程事实上是某种与学习的本质完全无关的东西。

另一方面，我希望使用与描述神经系统以及人和动物的行为的实际过程不太不同的语言来描述这种机器。我充分了解到，我在表述人的实际机制时不可能期望在每个细节上都是正确的，我甚至可能在原则上发生错误。但虽然如此，只要我提出一种能够用那些属于人心和人脑方面的概念对之进行文字描述，那我就是给出一个免于受到批评的起点，也是给出一个用以和其他理论所能得到的成果进行比较的准绳。

在17世纪末叶，洛克认为人心的内容就是他称之为观念的那种东西构成的。对他说来，人心完全是被动的，是一块干干净净的黑板，是一张白纸（tabula rasa），个人经验就是他在这张白纸上面所写下的印象。如果这些印象经常地出现，或是同时地出现，或是在某一序列中出现，或是在我们往往归之于因果联系的那些情况中出现，那么，按照洛克的意见，这些印象或观念便具有某种能动的趋势把各个组成部分黏合在一起而形成复合观念。观念黏合的机制就在于观念自身之中，但是，洛克在其所有的著作中，有一个令人感到奇怪的反对描述这种机制的意图。他的理论与现实的关系只能是火车的照片与行进中的实际火车的关系。它是一张任何部分都是静止不动的图表。如果我们考虑到洛克学说产生的时代，这一点就不值得惊奇了。动力学的观点，动态地描述事物的观点，首先是在天文学中而非首先在工程学或心理学中获得其重要性的，这项工作要归功于牛顿，但牛顿不是洛克的先驱者，而是他的同时代人。

在许多世纪中，科学在亚里士多德（Aristoteles）冲动的驱使之下，着重于分类工作而把现代的研究冲动即研究现象发生作用的方式扔在一边。的确，当植物和动物还有待于调查研究的时候，要是不经过一个不断搜集材料以描述自然史的过程，我们就很难理解生物学如何能够进入真正的动力学时代。伟大的植物学家林耐（Linnaeus）就是一个例子。对于林耐讲来，种和类都是固定不变的亚里士多德式的形式，而不是进化过程的路标；但是，我们只有根据林耐的全面描述，才有可能找到令人信服的进化实例。早期的自然史家都是知识领域中的实干的拓荒者，他们围攻和占领新领域的欲望太强烈了，以致对于他们所观察到的新形式不能十分细致地作出解释。拓荒者之后来了讲究操作的农场主，自然主义者之后来了现代的科学家。

在19世纪最后四分之一和20世纪最初四分之一的年代里，另一位伟大学者，巴甫洛夫，以其独特方法从本质上研究了以前洛克研究过的同一个领域。但是，他的条件反射的研究是实验地进行的，而不是像洛克那样理论地进行的。除此以外，他认为条件反射是在下等动物中出现的东西，而不是在人体中出现的东西。下等动物不会讲人的语言，但是，它们能讲行为语。在它们的比较显眼的行为中，就其动机而言，大多数都是情绪方面的行为，而它们的情绪又大都和食物相关。巴甫洛夫正是从食物和唾液的生理征候而开始其研究的。我们可以很容易地把一根小管插入狗的唾腺中，并观测唾液在食物刺激出现时的分泌情况。

通常，许多东西都和食物没有什么联系，例如，视的对象、听的声音等等，它们对唾液不会产生任何的影响。但是，巴甫洛夫观察到，如果狗在进食时系统地出现某种对象或某种声音，那么，这个对象或声音单独出现时也足以激起唾液。这就是说，唾液的反射受到过去联想的制约。

这里，在动物反射的水平上，存在着某种类似于洛克的观念联想的东西，即反射应答所产生的联想，其情绪内容显然是很强烈的。我们现在考察一下那些性质相当复杂的为产生巴甫洛夫型的条件反射所必需的前提。首先，它们一般是动物生活中居于重要地位的东西，在上述情况下，就是食物，虽则在反射的最后形式中食物因素可以全部消除掉。我们还可以用畜牧场周围的电网为例，说明原始刺激在巴甫洛夫的条件反射中的重要性。

在畜牧场上，要建造一个足够牢固的线网来圈住牲口，不是一桩容易做到的事情。因此，比较经济的办法就是用一两根较细的、通有高压电流的导线来代替这种笨重类型的线网，一当动物身体触及电网从而使电流短路时，动物就受到了一个十分可观的电击。这种电网要能在开头一两次承受住了牲畜的压力，但继此以后，电网的作用，不在于它能够承受机械压力，而在于牲畜已经养成力图避免与电网接触的条件反射。在这里，反射的原始扳机乃是痛苦，而避免痛苦对于任何动物的生命延续来讲则是一桩极为重要的事情。形成该反射的扳机是牲口对于电网的视觉。除饥饿和痛苦外，还存在着其他的产生条件反射的扳机。对于生物的这些情绪状态，我们可以用拟人的语言来讲述它们，但我们用不着这样一种的拟人主义，即把这些东西说成具有动物经验中所不具有的重要意义。动物的这些经验，无论我们可否称之为情绪的，都能够产生强烈的反射。在形成一般的条件反射时，反射应答便转移到这些扳机状态之一。这个扳机状态经常伴随原始扳机而出现。对于引起给定的应答，刺激物可变，这在神经方面一定是互为相关的：导致应答的突触通路是开着的，不然的话，就应当关着，或者说，不导致应答的突触通路是关着的，不然的话，就应当开着；这样就构成了控制论所讲的程序带中的变化。

程序带中的这种变化是在旧的、强有力的、引起特定反应的自然刺激和新的、伴随而来的刺激之间经过多次反复的联系而后产生的。看来旧刺激在其活动的同时似乎具有一种能力，即改变其消息通路的渗透性。有趣的是，新的、起作用的刺激除了重复伴随原始刺激这一事实外，几乎没有其他的要求。所以，原始刺激在其出现之时似乎对于所有输送消息的通路都产生了一个长期的效应，至少对其中的大多数通路是这样的。刺激的代替物之具有任意性表明了原始刺激的变形效应极为丰富多样，它不是被限制在少数特定的通路上面的。因此，我们可以认为，原始刺激能够释放出某种一般性的消息，但它仅在原始刺激起作用之时才在那些消息通路中起到作用。这种作用的效应也许不是经久的，但它至少是相当长期地存在着。看来发生这种第二级活动的最合理的场所就在突触之中，因为这个地方最便于改变它们的阈值。

非直达消息这个概念，大家并不生疏。这种消息在找到接收者之前不停地传播出去，然后，它使接收者受到它的刺激。这类消息经常被用作警报。火警就是通知全城居民的信号，特别是通知消防人员的，不论他们待在何处。在矿井中，当我们发现沼气而要求远处通道上的所有人员离开时，我们便在通风口处把一瓶乙基硫醇打破。我们没有理由认为神经系统中不会有这类消息。如果我去建造一架普通类型的学习机，那我就非常乐意采用这样的方法：把一般地传播“敬告所有与此事有关者”式的消息和特定通路的消息两者结合起来。设计种种电方法来执行此项任务，应该不难。当然，这完全不等于说，动物的学习实际就是采取传播性的和通道性的两种消息相结合的方式。坦白地说，我认为动物的学习完全可能就是这样，但是，我们的证据不足，所以它还只是一种猜想。

至于说到这些“敬告所有与此事有关者”式的消息的性质时，那我还是站在玄想较多的基础上面而假定它们的存在的。它们也许的确是神经性质的，但我宁愿倾向于把它们看做非数字的、类似于产生反射与思想的机制。把突触的活动归因于化学现象，这是自明之理。实际上，在一根神经的活动中，我们不可能把化学势和电势分开来；说某一特定活动是化学的，这几乎是毫无意义的话。但虽然如此，假定突触变化的原因或伴随物中，至少有一个原因或伴随物，不论其来源为何，可以局部地表现为化学变化，这跟流行观点不相抵触。这种变化的出现完全可以局部地取决于神经所传送出来的信号的。我们至少可以同样地设想：这类变化可以部分地起因于化学变化，而化学变化一般是通过血液而非通过神经来传送的。我们又可以设想：“敬告所有与此事有关者”式的消息是由神经来传送的，这些消息自身局部地表现为化学活动的形式，伴随着突触的变化而出现。作为一个工程师，我认为，比较经济地传送“敬告所有与此事有关者”式的消息的办法似乎是通过血液，而不是通过神经。但是，我没有证据。

让我们记住：“敬告所有与此事有关者”式的消息所起的作用，在一定程度上，是和那种把全部新的统计资料都送进仪器的防空控制装置中的变化相似，而不是和那些只把特定的数字资料直接送进仪器的防空控制装置中的变化相似。在上述两种相似的情况中，都有一种也许是长期积累起来的活动，由于长期持续之故，这种活动将有种种效果产生出来。

条件反射对其刺激做出迅速的应答，并不必然地标志着条件反射的建立过程也是比较迅速的。因此，我以为，下述看法是适宜的：使得这种条件化得以产生的消息乃是通过血液流的缓慢而又普遍的传播作用带来的。

设定饥饿、痛苦或任何其他刺激的固定影响可以通过血液引起条件反射，这就已经把我所需的观点作了相当的限制了。要是我企图去确定这种未知的由血液带来的影响的性质，要是这种影响存在的话，那我的观点就要受到更大的限制了。血液自身带有种种物质，可以直接地或间接地改变神经的活动，这在我看来是一桩非常可能的事情；某些荷尔蒙或内分泌的活动至少暗示了这个事实。但是，这并不等于说，决定学习阈值的那种作用就是特定荷尔蒙的产物。此外，它虽然引导我们在饥饿和电网所引起的痛苦之间找出某种可以称之为情绪的共同物，但如果认为情绪就是决定反射的全部条件，而对反射条件的特殊性不作任何进一步的讨论，那就肯定跑得太远了。

但虽然如此，了解下述一点是有意义的：那种被我们主观地称之为情绪的现象，也许并不单纯是神经活动中的一种没有用处的附带现象，它很可能控制着学习过程中的以及其他类似过程中的某一重要阶段。我并不是说，它一定是这样的，但是，我要说，那些在人与其他生命体的情绪和现代类型的自动机的应答之间截然划上一条不可逾越的鸿沟的心理学家们，在他们作出否定的结论时，应当像我作出肯定的结论时那样地小心谨慎。

第四章

语言的机制和历史

· Ⅳ *The Mechanism and History of Language* ·

编码消息和译码消息的采用，不仅对人是重要的，而且对其他生命体以及人所使用的机器也是重要的。飞鸟之间的通信，猴子之间的通信，昆虫之间的通信以及一切诸如此类的通信，都在一定程度上使用了信号或符号，这些信号或符号只有建立该信码系统的参与者才能理解。

理所当然，没有一种通信理论能对语言问题避而不论。事实上，语言，从某种意义来讲，就是通信自身的别称，更不用说，这个词可以用来描述通信得以进行的信码了。在本章后一部分，我们将会看到，编码消息和译码消息的采用，不仅对人是重要的，而且对其他生命体以及人所使用的机器也是重要的。飞鸟之间的通信，猴子之间的通信，昆虫之间的通信以及一切诸如此类的通信，都在一定程度上使用了信号或符号，这些信号或符号只有建立该信码系统的参与者才能理解。

人类通信和其他动物通信的不同之处就在于：（甲）所用的信码是精巧而复杂的；（乙）这种信码具有高度的任意性。许多动物都能使用信号来沟通彼此之间的情绪，并在这些情绪信号的沟通中表示敌人或同类异性的出现，而且这类消息是细腻到极为丰富多样的地步的。这些消息大都是暂时性的，并不存储起来。把这些信号译成人语，则其中大部分是语助词和感叹词；虽然有些信号可以粗略地用某些字眼来表示，它们似应赋予名词或形容词的形式，但是，动物在使用它们时是不会相应地作出任何语法形式的区分的。总之，人们可以认为，动物的语言首先在于传达情绪，其次在于传达事物的出现，至于事物之间的比较复杂的关系，那就完全不能传达了。

动物的语言除在通信性质方面有上述的限制外，它们还非常普遍地受到物种的约束，在该物种的历史上一成不变。一只狮子的咆哮声和别的狮子的咆哮声极其相近。然而，有些动物，例如，鹦鹉、燕雀和乌鸦，似乎能够学会周围环境的声音，特别是能够学会其他动物和人的喊叫声；它们还能够改进或扩大自己的语汇，虽则改进的范围非常有限。但即使是上述这些动物，也

◀剑桥的“过忧桥”，桥的一头是宿舍，另外一头是教室，你就知道它名字的来历了吧！过了这座桥要么就是天堂要么就是地狱，所以叫过忧。看来剑桥的学生和我们中国的学生一样对教室和宿舍存在特别不同的情感！

不像人那样方便地使用任何可以发出的声音作为信码来表示这种或那种意义，不像人那样方便地把这种信码传达给周围的人群，使得信码系统成为公认的、为该群内部所理解的语言，而对该群外部来讲，则又几乎没有意义可言。

鸟类之能够在极大的局限性下模仿人语，那是因为它们都具有下述若干共同的特征：它们都是社会生物，寿命较长，又具有记忆力，后者除以人的精确记忆作为衡量的标准外，从任何方面看来都是极好的。毫无疑问，会讲话的鸟，在专门教导之下，能够学会运用人和动物的声音，而且，如果人们留心去听，其中至少具有某种可以理解的因素。然而，除人以外，在动物界中，即使是最会发音的动物也不能像人那样地善于给予声音以意义，并在语言记忆的范围内把特定的信码化了的声音存储起来，更没有能力去形成罗素之用来表示关系、类和其他实体等“高级逻辑类型”的符号。

但虽然如此，我还是要指出：语言不是生命体所独具的属性，而是生命体和人造机器在一定程度上可以共有的东西。我还要进一步指出：人在语言方面的优越性最清楚不过地代表了一种可能性，这种可能性是赋予人的，而不是赋予人的近亲——类人猿的。但是，我将表明，这仅仅是作为可能性而加之于人的，它必须通过学习才能成为有益的东西。

通常，我们都把通信和语言仅仅看做人与人之间的联系手段。但是，要使人向机器、机器向人以及机器向机器讲话，那也是完全办得到的。举例说，在我国西部和加拿大北部的荒僻地区，有许多地方适于建立电站，这些地方和工人居住的任何居民点相距很远，要是为了这些电站的缘故而去建造新的居民点的话，那么这些电站就嫌太小了，虽则它们又没有小到可以被电力系统予以放弃的程度。因此，经营这些电站的理想方法是，不用留驻人员，在管理师定期前往检查的前后几个月内，让它们实际上处于无人照管的状态中。

要做到这一点，有两桩事情是必要的。一是引进自动化机器，要它保证在发电机没有达到正确的频率、电压和相位以前，不可能和汇流条或连接环接通；还要它以同样方式来防止电的、机械的和水力方面的偶然事故。如果电站的日常运转不会中断，也不会不正常的话，那么这种管理方式就够用了。

但是，情况不会这样简单。发电系统的负载是由许多可变因素来决定的。其中有经常变化的工业方面的需要，有使系统的某一部分停止运转的临时事故，甚至还得包括天上的乌云在内，它可以使成千上万的办公室和家庭在白昼打开电灯。这样一来，自动电站就得跟那些有工人管理的电站一样，必须处在负载调度员的经常监督之下，他一定得能够给机器发布命令，而他是把相应的码化信号发给电站来做到这一点的，发布的办法或是通过为此而设计的特定线路，或是通过已有的电报线或电话线，或是利用电线本身作为传送系统。另一方面，要使负载调度员得心应手地发出命令，他必须事先洞悉发电站的工作情况。特别是，他必须知道他所发出的命令究竟是已经得到执行还是由于装备的某种缺陷而受到阻碍。因此，发电站的机器一定得能够把回信送给负载调度员。于是，这里就有了由人发出语言并且指向机器的一例，也有了与此相反的即机器向人讲话的一例。

我们把机器列入语言领域，然而几乎全盘否定了蚂蚁的语言，读者也许对此感到奇怪。但是，在制造机器时，赋予机器以人的某些属性，这对我们来讲常常是非常重要的事情，而这些属性则是动物界成员所不具有的。如果读者愿意把这一点看做我们人格的具有隐喻意义的扩张，那我欢迎这样看法，但我要提醒他注意这一点：对于新型机器而言，一旦我们不再给予人的支援时，它们是不会因之而停止运转的。

实际上，我们向机器直接发出的语言包含着一个以上的步骤。如果单从线路工程师的观点来考虑，那么沿线路传递的信码自身就是完整的。对于这种消息，控制论或信息论的全部概念都可以应用上去。我们可以在其全部可能的消息系集中决定其概率，然后按第一章中阐明的理论取该概率的负对数，这样就可以估算出它所携带的信息量。但是，这并不是线路实际传送的消息，而是该线路和一理想接收装置联结时所能传送的最大信息量。实际使用的接收装置所能传送的信息量则取决于该装置对于收到的信息的传送能力或使用能力。

因此，我们从发电站接收命令的方法导出一个新的概念。在发电站中，电门的开和关、发电机相位的调准、水闸流量的控制以及涡轮的开或关等实际演绩，其自身都可以看做一种语言，都具有一个由其自身历史给出的行为概率系统。在这一结构中，每一可能的命令序列都有其自身的概率，据此来传送其自身的信息量。

当然，线路和接收装置的关系可以处理得如此之完善，以致从线路传送能力的角度来看信号所含的信息量，或从机器操作的角度来度量已经执行了的命令的信息量，都和线路及其接收装置构成的复合系统所传送的信息量相等。但是，一般说来，从线路到机器，中间还有一个转换阶段，在这个阶段中，信息可以逸失而永不再得。的确，除最后的或生效的阶段外，信息传送过程可以含有好几个依次相续的传送阶段；而在任何两个阶段之间，都存在着信息转换的活动，都可以使信息逸失。信息可以逸失而不再得，如前所述，乃是热力学第二定律的控制论形式。

讲到这里为止，我们已在本章讨论了以机器为终端的通信系统。在一定意义上说，一切通信系统都以机器为终端，但是，普通的语言系统则是以特殊种类的机器为其终端，这种机器叫做人。人，作为终端机器，有一个通信网络，可以把它区分为三个阶段。对于普通口语讲来，人的第一阶段是由耳以及与内耳作经久和固定联系的那一部分大脑机构所组成。这个仪器，当它和空气中的声音振动仪器或电路中的性质相当的仪器联结时，便代表一种和语音学有关的机器，即和声音自身有关的机器。

语言的第二方面，或语义学方面，与语言的意义有关。举例说，把一种语言译成另一种语言时，字义之间的不完全等同就限制着这一语言的信息向另一语言流动，其中的种种困难是显而易见的。按照词在语言中出现的统计频数，人们可以选出一个词汇序列（两个字构成的或三个字构成的字组），来求得和一种语言（例如英语）显然相似之物；由此而得到的胡言乱语也会与正确英语具有显著的令人信服的相似性。从语音学观点看来，这种有意义的言语的没有意义的类似物实际上等同于有意义的语言，虽则它在语义学上是妄语；与此相反，一位富有学识的外国人所讲的英语，尽管在发音方面带有本国的特征，或者，他讲的是半文不白的英语，却都是语义学上好的而语音学上不好的英语。再者，普通人茶余酒后的谈话，语音学上是好的，语义学上则是不好的。

要想确定人的通信仪器的语音机制的特征，虽然是可能的，但也是困难的；因此，要确定何者是语音学上有意义的信息并对它作出度量，同样是可能的，但同样也是困难的。举例说，耳和脑显然都具有一个有效的频率限制器，用来阻断某些高频的进入，这些高频声音是能够穿过耳朵或是能够通过电话传送到耳朵的。换言之，不管这些高频信号能给合适的接收器带来什么样的信息，都不会给耳部带来任何有意义的信息量。但是，更困难的问题则在于确定和度量语义学上具有意义的信息。

语义的接受要借助记忆，所记下的东西都长期保留着。在重要的语义阶段中，凡是抽象的类型都不仅要和人脑中神经元局部装置建立固定的联系，例如，和那些在知觉几何图形时一定起着重要作用的神经元局部装置有联系，而且它们还和神经元丛（internuncial pool）的若干部分所构成的抽象探测器有联系。神经元丛就是为了这个目的而暂时装配起来的，它们是一组一组的神经元，可以形成种种较大的装置，但不把神经元永远固定地封闭在该装置中。

这些高度有组织的和固定的装置无疑在人脑中存在着，我们在那些与特定感官相联系的部位上可以找到它们，在别的地方也可以找到,除此以外,人脑中还存在着特殊的开关和联结,它们似乎是为了特定目的而暂时形成的,诸如学习反射以及其他。为了形成这些特殊的开关,一系列备用神经元一定可以为此目的而装配起来的。当然,神经元的装配问题是和一系列用来装配的神经元的突触阈有关。鉴于神经元不是处在这种暂时性的装置之中,便是处在这种暂时性的装置之外,所以,值得给它们一个特殊的名称。如我已经指出的,我认为,它们颇为接近于神经生理学家所讲的神经元丛。

以上所讲的至少是一个关于神经行为的合理理论。语义接收器在接收和翻译语言时并非逐字进行的,而是一个观念跟着一个观念,往往还要采取更加一般的方式来进行。在一定意义上说,这种接收器能够唤起全部过去的、其形式已经有所变化的经验,而这些长期保存下来的东西在语义接收器的工作中并非无关宏要的部分。

通信的第三阶段,部分是语义阶段的转换,部分是更前的一个阶段即语音阶段的转换。这是个人经验进入行动的过渡,不论他自己意识与否,别人是观察得到的。我们可以把这个阶段称为语言的行为阶段。在低等动物中,这是在语音输入后我们唯一可以观察到的语言阶段。实际上,这个阶段人人都有,除非有这样一个特殊的人,他的任一给定通道都作了特殊的规定。这也就是说,一个人只有通过另一个人的行动才能了解后者的内心思想。这些行动由两个部分组成,其一是直接的显见的行动,这类行动我们也可以在低等动物中观察到,另一是信码化了的和符号化了的行动系统,这就是大家所知道的谈话或书写的语言。

从理论上讲,我们并非不可能建立一种关于语义语言和行为语言的统计学,使得我们能够很好地量度出它们所含的信息量。的确,根据一般的观察,我们可以证明:语音语言在到达接收器时其全部信息量小于原先送出的信息量,或者说,无论如何不比通向耳朵的传送系统所能传送的多;还可以证明:语义语言和行为语言二者所包含的信息比语音语言还要少。这个事实又是热力学第二定律的必然结论，而且，在每一阶段中，如果我们把所传送的信息看做一个适当信码化了的接收系统所能传送的最大信息量，那么上述事实必然是真的。

现在让我提请读者注意一个也许被认为完全不成问题的问题，即黑猩猩为什么不会讲话的道理。黑猩猩的行为长期都是那批跟这些有趣的动物打交道的心理学家的一个谜。小猩猩特别像小孩，在智力方面，它显然和小孩相等，甚至有可能超过小孩。但是，为什么一只在人的家庭中养大的并且受到一两年言语训练的黑猩猩仍然不会使用语言作为表达方式，仅能偶尔发出婴儿式的话语呢？动物心理学家对此不能不感到惊奇。

这种情况也许有幸，也许不幸；多数的黑猩猩，事实上是所有迄今观察到的黑猩猩，都坚持要做一个好猩猩，而没有变成准人类的白痴。但虽然如此，我以为，一般的动物心理学家都颇为渴望着黑猩猩由于沾染更多的人类行为方式而给它的类人猿祖先丢脸。迄今未能做到这一点的原因并不完全在于黑猩猩的智力不足，因为也有有缺陷的衣冠禽兽，他们的头脑足以使黑猩猩感到羞愧难当。这恰恰不是畜生讲话或要求讲话的问题。

言语乃是这样一种特殊的人类活动，以致人的近亲和他的最积极的模仿者也无法掌握。黑猩猩所发出的为数不多的声音，的确，具有大量的情绪内容，但是，这些声音在明晰程度上是缺乏精细性的，在组织程度上是缺乏可以重复的准确性的，而这二者却是把它们改造为一种远比猫叫更为准确的信码的必要条件。此外（这更加表明这些声音和人语不同），黑猩猩所发出的这些声音通常是一种不用学习的、生来就有的表示，不是特定社会团体中的成员经过学习而后表现出来的东西。

一般而言，言语是人所特有的；特殊形式的言语则是特殊社会集体的成员所特有的——这个事实最最值得人们注意。首先，看一看现代人的整个广阔的活动范围，我们就会有把握地说，没有一个社会不为构成此社会的个体在听觉或智力方面的残缺不全而变得支离破碎，因为这个社会没有自己的言语样式。其次，言语的一切样式都需要有一个学习过程，虽然19世纪时有过建立发生学的语言进化理论的种种尝试，但是，我们找不到一丁点儿作出下述假设的一般理由．现代言语的全部形式都是源自某个单一的、原始的言语形式。十分清楚，如果让一批婴儿单独生活，他们也会企图讲话的。但是，这些企图只是表明他们自己具有发出某种声音的愿望，并不因此表明他们是在模仿任何现存的语言形式。几乎同样清楚的是，如果有个由儿童所组成的社会，其成员在形成言语的临界年龄内，却没有机会接触到他们长辈的语言，那他们还是会发出某种声音的，尽管这些声音很不顺耳，但无疑是一种语言。

那么，为什么我们不能强迫黑猩猩讲话呢？又为什么不能强迫儿童不讲话呢？为什么要讲话的一般趋势乃至于语言之表露于外和蕴藏于中的一般方面对于大批人群说来是如此之一致，而语言的这些方面的特殊表现又是如此之千变万化呢？部分地阐明这些问题对于理解以语言为基础的社会讲来至少是具有本质意义的。当我们说，人异于人猿，他特别具有使用某种语言的冲动时，我们只不过在陈述一些基本事实而已；但是，特殊语言之得以使用却是一个应该在每一特殊情况下进行学习的问题。我们对信码和讲话的声音都会心神专注，而我们对信码的专注又能够从言语方面扩展到与视觉刺激有关的方面去，这些显然都是人脑自身的特性。但是，在这些信码之中，没有一点点断片会像多种鸟类的求爱舞或者像蚂蚁识别并驱逐突然闯到巢穴里来的不速之客的办法那样地作为预定和谐的典则而印刻在我们心中的。言语的天赋不能回溯到分裂于通天塔[①]中的亚当后裔的共同语。它完全是一种心理冲动；言语不是天赋的，言语能力才是天赋的。

---

① Tower of Babel，参见圣经《创世记》第十一章，洪水以后，诺亚的子孙越来越多，他们要造一座城和一座高与天齐的高塔，耶和华使他们口音变乱，工程遂停顿下来。——译者注

换言之，使小猩猩不能学会讲话的障碍物与语义有关，而与语言的语音阶段无关。黑猩猩完全没有建立起一种机构，能把它听到的声音转变成据以组合自己观念的东西或者转变成复杂的行为样式。关于陈述中的第一点，我们无法证实，因为我们没有观察这种现象的直接方法。关于第二点，那完全是一个显著的经验事实。它可能有自己的局限性，但是，人建立了这种机构，这一点是完全清楚的。

在本书中，我们已经强调了人的非凡的学习能力，指出它是人之所以异于其他物种的一个特征，这个特征使人的社会生活成为一种本质上完全不同于蜜蜂、蚂蚁以及其他社会性昆虫的社会生活，虽则二者，有其表面上的类似。有关儿童与世隔绝到超过通常学习语言的正常临界年龄的材料也许不是完全无可非议的。“狼孩”的故事曾使吉卜林(Kipling)写出他所幻想的《丛林之书》(*Jungle Books*)，这些故事以及书中所讲的公立学校的熊和英国陆军学校的狼等，其本来面目之荒诞程度是那样地难以令人置信，就跟《丛林之书》中经过幻想润色后的情况之难以令人置信近乎相同。但是，有证据说明，临界期是存在的，在此期内，学习讲话最为方便；倘若过了这个时期还没有机会跟自己同类(不管是什么种族)接触的话，那么，语言的学习就变成受限制的、缓慢的和十分不完全的了。

对于被我们看做天生技巧的许多其他能力说来，这个观点大概也是真的。如果一个小孩长到三四岁还没有走过路，那他也许一辈子都不想走路了。对于正常的成年人讲来，步行习惯可以变得比驾车习惯还要困难些。一个人如果从小就是瞎子，后来通过白内障切除手术或角膜移植手术而复明了，那么，当他去做原先在黑暗中完成的那些动作时，恢复了的视觉在一个时期内除了带来混乱外，肯定一无用处。这个视觉可以一点也不比他小心学到的、价值很可疑的新才能更有用处。所以，我们完全可以认为，言语是正常表现出来的人类全部社会生活的中心，如果人不在适当时期学会讲话，那他的全部社会品格就会停止发展。

总的说来，人对语言的兴趣似乎是一种天生的对编码和译码的兴趣，它看来在人的任何兴趣中最近乎人所独有的。言语是人的最大兴趣，也是人的最突出的成就。

我是作为一位语言学家的儿子而受到教育的，关于语言的本质和技巧等问题，我从做小孩的时候起就感兴趣。现代通信理论对语言理论所促成的那样全面的革命，其成果不可能不影响到过去的语言学思想。由于我父亲是一个非常异端的语言学家，他的倾向是把语言学引到和现代通信理论对之发生种种影响的非常相同的方向上，所以我想在下面谈一点我个人关于语言史和语言理论史的业余研究。

从很早的时候起，人们就认为语言是一种神秘的东西。斯芬克斯之谜（the riddle of the Sphinx）就是关于智慧的一个原始概念。的确，“riddle”（谜）这个字本身就是从“to rede”（解谜，或猜出来）的字根引申出来的。在许多原始民族中，书写和巫术并无多大区别。在中国的若干地区，人们对书写尊重到如此地步，以致破烂的旧报纸和毫无用处的断简残篇都不愿意扔掉。

和这一切表现密切相关的乃是“名字巫术”，这个现象就是具有一定文化的人们要在一生中使用好几个假名，其用意就是不让弄妖术的人知道他们的真名并加以利用。在这类例子中，我们最熟悉的莫过于犹太人的上帝耶和华（Jehovah）这个名字了，这个字里的母音都是从上帝的另一个名字“Adonai”取来的，这样做就是为了不让至尊之名可能被不敬之口所亵渎。

从名字巫术出发，只要前跨一步，就可以达到更深刻、更科学的语言兴趣了。就像根据原文来鉴定口碑和手抄珍本的兴趣一样，这种语言兴趣也可以回溯到古代的一切文化。一本圣书必须保持其原来面目。如果有种种异文，那就要由某位擅长鉴定的注释家作出决定。因此，基督徒和犹太人的圣经、波斯人和印度人的圣书、佛教徒的典籍以及孔丘的著作都各有其早期的注释家。为了维护真正的宗教，人们所努力的都归结为文字的修养，而原文鉴定就是智力训练的最古老的方式之一。

在上一世纪的大部分时间里，语言史被人们归结为一系列经常表现出对于语言本质惊人无知的教条。当时人们对达尔文进化论的模型理解得过于呆板、过于盲目了。因为这一整个论题和我们关于通信本质的见解有着最为密切的关系，所以我要用一定的篇幅来评论它。

认为希伯来语是天国的语言，而语言的混乱是从建筑巴比伦通天塔的时候开始，这种早期的玄想除了作为科学思想的原始迹象外，我们这里无须给予更多的兴趣。但是，语言学思想的后来发展却长期保持着一个与此类似的朴素观念。各种语言彼此相关，它们都经历着进步的过程，这些变化终于导致全然不同于过去的语言等等现象，对此，文艺复兴时代的那些目光敏锐的语言学家不可能长期不予注意。一本像杜康：《中世纪拉丁辞源》(Ducange's *Glossarium Mediae atque Infimae Latinitatis*)那样的书籍，要是不弄清罗马语不仅源出于拉丁语，而且是源出于拉丁俚语的话，那是不可能编纂出来的。一定有过许多学识高深的犹太教拉比，他们深深认识到希伯来语、阿拉伯语和叙利亚语之间的类似。当东印度公司在臭名远扬的赫斯汀斯(Hastings)的劝告下在威廉滩创办起该公司的东方研究学校后，人们就再也不能忽视下述的事实了：希腊文和拉丁文作为一方，梵文作为另一方，其实都是从同一种衣料剪裁下来的。在19世纪初，格列姆兄弟(brothers Grimm)和丹麦人腊斯克(Rask)的工作，不仅表明了条顿语要纳入所谓印欧语系的轨道，而且还进一步弄清了这些语言的彼此关系，又弄清了它们和一个设定的原始共同语言的关系。

因此，语言进化论乃是生物学上作过细致研究的达尔文进化论的前驱。这个进化论事实上是有效的，它很快地就在生物进化论所不能应用的地方开始显示出对于后者的优势。这也就是说，人们是把语言看做独立的、准生物学的实体，其发展完全是由它的内在力量和内在需要来规定的。事实上，语言是与人类交际同时产生的现象，它受到一切社会力量各自不同的交际模式的影响。

鉴于混合语[①]的存在，例如佛兰卡语、斯瓦西里语、意第绪语、支奴干土语、甚至还有在相当范围内的英语，所以有人企图给每种语言找出一单个合法的祖先，而把参与创造这种语言的其他语言仅仅看做新生婴儿的教父或教母。有过一种学究气的区分办法，即把合乎已有规律的、合法的语音形成物同临时语、民间语源和俚语等等之类的令人生厌的、非正规的东西区别开来。在语法方面，最初的企图是强迫不论其来源为何的一切语言都穿上一件用拉丁语和希腊语裁制成的紧身衣，继之而来的却是另外一种几乎同样雷厉风行的企图：要给每种语言拟定出其自身的语法结构形式。

直到叶斯柏森（Jespersen）的近著问世，任何著名的语言学派都未必是足够客观地给自己的科学提出一个合乎实际所讲的和实际所写的语言表象，他们所提出的毋宁说是一种陈腐浅薄的东西，企图教爱斯基摩人讲爱斯基摩话，教中国人写中国字。这种不恰当的语法修辞癖，其后果是到处都可以看到的。在这些后果之中，也许，首先就是拉丁语被自己儿女所扼杀，就像古典诸神的前辈被其后辈所扼杀一样。

在中世纪，性质在变化着的拉丁语一直都是牧师们和全西欧学者所通用的语言，其中最好的拉丁语是书呆子以外的任何人都能完全接受的，正像阿拉伯语直到今天还是许多穆斯林国家所通用的语言一样。拉丁语之所以有这种余威，乃是因为使用这种语言的著作家和演说家乐于借用其他语言或在拉丁语本身的框架内去创造新词，以供探讨当时生动活泼的哲学问题之

① 佛兰卡语（Lingua Franca）是意大利、法兰西、阿拉伯、希腊、西班牙等国的混合语，通行于地中海各港。斯瓦西里语（Swahili）是德语、希伯来语和斯拉夫语的混合物，中欧各国和美国的犹太人用此语言。意第绪语（Yiddish）是在希伯来语和斯拉夫语的影响下而形成的德国犹太人用的一种方言，也通行于苏联、中欧各国的犹太人中，文字用希伯来字母。支奴干土语（Chinook Jargon）是美国支奴干族和其他印第安人的语言与英语、法语的混合物。——译者注

所需。圣・托马斯(Saint Thomas)的拉丁语不同于西塞罗(Cicero)的拉丁语,但是,西塞罗在其自己的拉丁语中就无法讨论托马斯的思想了。

也许有人认为,欧洲民族语言的兴起必然要标志着拉丁语作用的结束。但情况并不如此。在印度,新梵语虽然有所发展,但梵语直到今天还表现出强大的生命力。我讲过,穆斯林世界就是统一在古阿拉伯语的传统之下的,虽然大多数的穆斯林并不讲阿拉伯语,而今天所讲的阿拉伯语也已经分化为许多很不相同的方言了。一种不再是一般通信所用的语言完全可能在若干世代甚至若干世纪之内一直是学者所用语言。希伯来语在基督时代已经废弃不用,但现代希伯来语在消灭了2000年之后还活着,的确,它又变成了日常生活中的一种现代语了。至于我现在所讨论的只不过涉及拉丁语作为学者语言的有限用途而已。

到了文艺复兴时期,拉丁学者的艺术标准变得更高了,有一种愈来愈强烈的趋势要把古典后期的新词汇全部铲除掉。在文艺复兴时期著名的意大利学者手里,这种改造过的拉丁语可以是而且常常是一种艺术品;但是,掌握这种优雅而精致的工具所必需的训练,对于科学家讲来,超过了作为一项次要训练所需的程度,科学家的主要工作毕竟是关心语言的内容,而不是关心形式的完整性的。结果是,教拉丁语的人和用拉丁语的人逐渐分成两类,距离愈来愈大,事情竟然达到了这个地步,除了最精致的和一无用处的西塞罗语言外,教师完全不教自己学生别的东西。在这种无所事事的状态中,他们除了作为拉丁语专家外,终于失去了自己的任何作用;当拉丁语专业因此而变得愈来愈不合乎一般的需要时,他们就又失去了自己的作为拉丁语专家的作用。为了这一骄傲自大的过失,我们现在不得不付出代价,那就是,我们欠缺一种适用的、远比 Esperanto[①] 这类人造语更加

① 一种世界语,系波兰人柴门霍甫所创,发表于1887年。下文又讲到另一种世界语Volapük,那是德国人舒奈尔所创,发表于1879年。——译者注

优越并且能够更好地适应现代需要的国际语言。

可惜，古典主义者的态度常常是知识界俗人所不能理解的！我最近在一次学生毕业典礼的会上有幸听到一位古典主义者的致辞，他悲叹当前学习的离心力增大了，这使得自然科学家、社会科学家和文学家之间的距离变得愈来愈大。他用一次想象中的游览来说明这种情况：他给复活了的亚里士多德充当向导和顾问，去参观一所现代的大学。他从现代知识的各个领域中的专业行话所构成的笑柄讲起，一一列举，自以为这是向亚里士多德提出令人震骇的种种例证。我不知道可否评论一下：我们所拥有的关于亚里士多德的全部遗产都只不过是他的学生们的学习笔记，这些笔记是用世界史上最最晦涩难懂的专业行话写下来的，它们对于当时任何一位没有在亚里士多德学园学习过的希腊人来讲都是完全无法理解的东西。由于这种行话已被历史奉为经典，于是它自身就变成了古典教育的对象。这桩事情和亚里士多德无关，因为它发生在亚里士多德死后，而不是发生在他的生时。重要的事情是，亚里士多德时代的希腊语是随时准备向一位才气焕发的学者的专业行话让步的；与此相反，他的饱学的和令人尊敬的继承者们的英语却不愿意对现代言语的同样需要作出让步。

让我们带着这些忠言回过头来讨论一个现代的观点，即把语言翻译的操作以及由耳与脑进行语言解释的有关操作来和人工通信网络的演绩及其耦合过程这两个方面予以糅合的观点。人们将看到，这个观点实际上是和现代的并曾经一度被看做异端的叶斯柏森及其学派的见解相一致。语法不再像原先那样规范化了。它变成了与事实相一致的东西了。问题不在于我们应该使用什么信码，而在于我们用了什么信码。在我们仔细研究语言的时候，规范化问题的确起着作用，而且非常微妙，这些都是真的。但是，它们是代表通信问题中的最后成长出来的美丽的花朵，而不是代表通信问题中的最基本的那些阶段。

这样，我们就给人的通信的最简单因素奠定了基础：当两个人面对面的时候，他们是通过语言的直接使用来通信的。电话、电报以及其他类似的通信手段的发明，表明了人的通信能力根本不受个体直接出现与否的限制，因为我们有许多办法把通信工具带到海角天涯。

在原始人群中，就有效的社会生活而言，社会的大小受语言传送困难的限制。在好几千年里，这个困难足够使国家的最适当人口减缩到几百万人左右，一般还要少些。值得注意的是，超越这个限度的大帝国都是靠通信工具的改善来维持的。波斯帝国的心脏就是皇家大道和沿路设置的传送皇帝诏书的驿站。罗马大帝国之所以能够建立，只是由于罗马筑路技术的进步。这些道路不单是用来调动军团，而且也用来传送御诏。使用飞机和无线电，统治者的话就可以传播到地球的每个角落，以前妨碍建立"世界国家"的许许多多因素现在已经消除了。人们甚至可以作出这样的主张：现代通信迫使我们去调整不同的无线电广播系统和不同的航空网等国际性的要求，这就使得"世界国家"成为不可避免的东西。

但是，尽管通信机构变得如此之有效，它们还是要像经常碰到的情况那样，受制于熵增加这一压倒一切的趋势，受制于信息在传送过程中要逸失掉的这一压倒一切的趋势，除非我们引入某些外界的动因去控制它。我已经提到一位具有控制论思想的语言学家所提出的一个有趣的语言学观点——语言是讲者和听者为反对种种混乱的力量而共同采取的对策。以这种描述为基础，芒德布罗(Mandelbrot)博士曾在一种最适当的语言中做过若干关于字的长度分布的计算，并且把这些结果和各种现存语言中所算出的分布进行比较。芒德布罗的结果表明：在一种最适当的即符合于若干假定的语言中，字的长度非常确定地表现出了一定的分布。这种分布和 Esperanto 或 Volapük 这类人造语中所找到的字的长度的分布是很不相同的。另一方面，它又和大多数的、经过几百年考验的实际语言中的字的长度的分布极为相近。的确，芒德布罗的结果并没有给出一个关于字的长度的绝对不变的分布，在他的公式中，还存在着若干必须进行选定的量，或者，如数学家所讲的，还存在着若干参量。但是，适当选用这些参量，则芒德布罗理论所导致的结果就和许多实际语言中的字的分布非常密切地吻合，这就说明了它们之中存在着某种自然选择，说明了一种语言形式如果由于自身有用和有生存价值而生存下来的话，那它一定是采取了一种并非不近似于最适当的分布形式的。

语言的磨损可能是由几个原因引起的。语言也许只是力图反抗跟它捣乱的自然趋势，也许只是力图反抗人们有目的地搅乱其含义的企图[1]。正常的通信谈话，其主要敌手就是自然界自身的熵趋势，它所遭遇到的并非一个主动的、能够意识自己目的的敌人。而在另一方面，辩论式的谈话，例如我们在法庭上看到的法律辩论以及如此等类的东西，它所遭遇到的就是一个可怕得多的敌人，这个敌人的自觉目的就在于限制乃至破坏谈话的意义。因此，一个适用的、把语言看做博弈的理论应能区分语言的这两个变种，其一的主要目的是传送信息，另一的主要目的是把自己的观点强加到顽固不化的反对者的头上。我不知道是否有任何一位语言学家曾经做过专门的观察并提出理论上的陈述来把这两类语言依我们的目的作出必要的区分，但是，我完全相信，它们在形式上是根本不同的。我以后在讨论语言和法律的那一章中将进一步讲到辩论式的谈话。

作为一门控制语言意义逸失的学科，控制论应用于语义学方面的愿望已经在若干问题上得到了实现。看起来，在粗糙的信息和我们人类能够有效使用的信息之间，或者，把这句话改变一下，在粗糙的信息和机器能够有效操作的信息之间，作出某种区别是必要的。依我的意见，这里的基本区别和困难是由于如下的一个事实产生的：对行动有重要意义的，与其说是发出的信息量，不如说是进入通信装置和存储装置的足以作为行动扳

① 这里也和爱因斯坦的格言有关，参见第二章第21页。

机的信息量。

我已经讲过，用任何方法传递消息或者从外部来干预它们，都会降低它们所含的信息量，除非利用新的感觉或原先处在信息系统之外的记忆馈进新的信息。如前所述，这一陈述就是热力学第二定律的另一说法。现在让我们考虑一下本章前面所讲的那种用来控制小型电力站的信息系统。重要的问题不仅在于我们传送给线路的信息，而且在于这个信息经由终端机械装置去打开或关上水闸、校准发电机以及完成类似的工作时还剩下什么。在某种意义上，这个终端装置可以看做附加于传送线路的过滤器。从控制论观点看来，语义学上具有意义的信息乃是通过线路以及过滤器的信息，并非仅仅通过线路的信息。换言之，当我听到一段音乐时，大部分声音都进入我的感官并达到我的脑子。但是，如果我缺乏感受力和对音乐结构的审美理解所必需的训练的话，那么这种信息就碰到了障碍，反之，如果我是一个训练有素的音乐家，那它就碰到了一个可以对它作出解释的结构或组织，从而使这种模式在有意义的形式中展示出来，由是产生了审美价值和进一步的理解。语义学上具有意义的信息，在机器中一如在人体中那样，乃是能够通过接收系统中的激活机构的信息，尽管存在着人或自然乃至人和自然二者结合起来的捣乱企图。从控制论观点看来，语义学界定了信息意义的范围并使它在通信系统中免于逸失。

第五章

作为消息的有机体

· V *Organization as the Message* ·

我在本章所谈的隐喻就是这样的隐喻：把有机体看做消息。有机体乃是混乱、瓦解和死亡的对立面，就像消息是噪声的对立面一样。在描述一个有机体时，我们都不是企图详细说明其中的每一个分子并且把它们一一编入目录，而是企图去回答有关揭示该有机体模式的若干问题：譬如说，当该有机体变成一个更加完整的有机体时，模式就是一种意义更大而变化更少的东西。

本章的内容带有幻想成分。幻想总是为哲学服务的，柏拉图并不因为使用了洞穴的隐喻来表达他的认识论而感到不好意思。顺便说说，布洛诺夫斯基(Bronovski)博士曾经指出：我们大多数人都认为数学是一切科学中最最面对事实的科学，但它却提出了最为大量的可资想象的隐喻；人们无论是从智力的角度或是从审美的角度来判断数学，都不免要以这种隐喻的成就为依据。

我在本章所谈的隐喻就是这样的隐喻：把有机体看做消息。有机体乃是混乱、瓦解和死亡的对立面，就像消息是噪声的对立面一样。在描述一个有机体时，我们都不是企图详细说明其中的每一个分子并且把它们一一编入目录，而是企图去回答有关揭示该有机体模式的若干问题：譬如说，当该有机体变成一个更加完整的有机体时，模式就是一种意义更大而变化更少的东西。

我们已经看到，某些有机体，例如人体，具有在一个时期内保持其组织水平的趋势，甚至常常有增加其组织水平的趋势，这在熵增加、混乱增加和分化减少的总流中只是一个局部的区域。在趋于毁灭的世界中，生命就是此时此地的一个孤岛。我们生命体抗拒毁灭和衰退这一总流的过程就叫做稳态(homeostasis)[①]。

我们只能在我们与之并进的极为特殊的环境中继续生活到我们衰老的速度开始大于自我更新的速度为止。然后，我们死

◀剑桥大学圣约翰学院是剑桥大学第二大学院，学院的创办人是王太后玛格丽特·博福特。

---

① 稳态是法国生理学家伯尔纳(C. Bernard)提出的，表示生命体内环境的动态平衡。堪农(W. Cannon)把它定义为："可变的但又相对恒定的条件。"维纳在这里赋予该概念以新的含义，他有时称之为动态的稳定性。——译者注

去。如果我们的体温从 98.6 华氏度的正常水平升高或降低一度，那我们就得加以注意；如果升高或降低十度，那我们肯定要死了。我们血液中的氧、二氧化碳和盐分以及我们内分泌腺所分泌出来的荷尔蒙都是由种种机制来调节的，这些机制都具有抗拒这些成分的相互关系发生任何不适当变化的趋势。这些机制构成了我们称之为稳态的这个东西，它是负反馈类型的机制，这我们可以在自动机中找到例子。

稳态所要保持的东西就是模式，它是我们个体的同一性的试金石。我们身体中的各种组织在我们活着的时候是变化着的：我们吃进去的食物和吸进去的空气变成我们身体中的血肉，而我们血肉中的暂时性因素则同我们的排泄物一起每日排出体外。我们无非是川流不息的江河中的旋涡。我们不是固定不变的质料，而是自身永存的模式。

模式就是消息，它可以作为消息来传递。无线电除了被我们用来传递声音模式外还有什么用途呢？电视除了传递光模式外还有什么用途呢？考虑在下述情况下所能发生的事情是有趣而又有益的：如果我们有可能传递人体的整个模式，有可能传递人脑及其记忆以及记忆之间的错综复杂的关系这一整个模式，使得一个假想的接收工具能够以适当材料把这些消息重新体现出来，那就能够使身心所表现的过程延续下去，并且通过稳态过程使这种延续所需的完整性得以保持下来。

让我们现在闯到科学幻想小说的领域中去。大约在 45 年以前，吉卜林曾经写了一个极为动人的小故事。那时候，莱特(Wright)兄弟的飞行已经举世皆知了，但航空还没有成为日常生活的事物。他把这个故事叫做《夜邮》(*With the Night Mail*)，故事大意是描写一个像今天这样的世界，航空已是常事，大西洋变成一夜之间就可以横渡的湖泊了。他设想到，空中旅行已把世界变得如此之团结，以致战争过时了，世界上的一切真正重要的事务都由一个航空控制站来管理，它的首要任务是管理空运，其第二个任务则是管理“与此有关的一切”。在这种情况下，他想象，各种地方机构都不免要被迫逐步降低自己的权力，或者同意把它们的地方权力转让出去；而航空控制站的中央当局就把这些责任承担起来。吉卜林给我们描绘的多少是一幅法西斯式的图景，但考虑到这是他的智力方面的猜想，我们就可以理解法西斯主义并非他所处的立场的必要条件。他的“千年至福”乃是一位从印度归来的英国陆军上校的千年至福。此外，连同他所喜爱的诸如搜集能转动的和能发声的小轮子之类的新鲜玩意儿在内，他所重视的是把人体运输到远方去，而不是把语言和思想运输到远方去。他似乎不了解人的语言所达到的地方、人的知觉能力所达到的地方，也就是他的控制能力扩展所及的地方，而且在一定意义上也就是他的肉体存在扩展所及的地方。去了解整个世界并且对它发布命令就几乎等同于无所不在。吉卜林的思想虽然具有局限性，然而，他有诗人的洞察力，而他所预见到的情况看来很快就会得到实现的。

为了了解信息传输比单纯的肉体传输更为重要起见，让我们假定，我们有一位在欧洲的建筑师监造着一座在美国的建筑物。当然，我是假定在建筑现场上有一批胜任其事的工作人员——建筑工人、记录员等等。有了这些条件，甚至不用收发任何建筑材料，建筑师就可以在建筑营造过程中起着主导的作用。他可以像平常那样编造自己的设计图和施工细则。在建筑师的制图室里所制定下来的设计图和施工细则，其副本本来要寄到建筑现场去的，这个做法今天看来没有必要。传真电报提供了一种方法，能把全部有关文件的复写本在不到一秒的时间之内发送出去，收到的副本就跟正本一样是很好的工作图。建筑师可以通过每日一次或几次拍摄下来的摄影记录来检查工作的进度；这些记录都可以通过传真电报送给他。如果他要给自己工作的代理人以任何批评和劝告的话，他可以通过电话、传真电报或电传打字机来传达。一句话，建筑师本人及其文件的传送可以非常有效地用消息传送来代替，而这种传送是不把物质粒子从线路的一端转移到另一端的。

如果我们考虑到通信的两种类型，即物质运输和单纯的信息运输时，那么一个人要从甲地到达乙地的当前可能方式只能是前者，而不能作为消息来运输，但是，即使是现在，消息的运输也能帮助我们把人的感觉和他的活动能力从世界的一端推展到世界的另一端。我们已经在本章中指出：物质运输和消息运输之间的区别在任何理论意义上决不是固定不变和不可过渡的。

这一点就使我们非常深刻地接触到人的个体性问题了。人的个体性之本质以及人与人之间存在着隔障之本质乃是一个有史以来的老问题。基督教及其地中海地区的先驱者们都把个体性体现在灵魂这一观念中，基督教徒是这样说的：个体都有一个灵魂，它由妊娠作用(act of conception)产生，但它一旦存在，就生生世世存在下去，存在于天国，存在于地狱，或者，存在于基督教信仰所允许的一块不大的中间地带——林布[1]这个地方。

佛教徒所坚持的传统与基督教徒的传统相同，认为人死后灵魂继续存在，但是，它是继续存在于另一动物体或人体中，而不是存在于天堂或地狱中。诚然，佛教徒也有天堂和地狱，但个体之驻足该处一般都是暂时的。然而，在佛教徒的最后一层天中，即在涅槃状态中，灵魂失去了它的自性，融汇到宇宙的大灵魂中去了。

这些见解对于科学研究都不具有良好的影响。关于灵魂的连续性的一个非常有趣的、早期的科学解释乃是莱布尼兹的解释，他认为，灵魂是他称之为单子的这一更大一类的、永恒的精神实体中的一个部分。这些单子从创始之日起就把自己的整个存在用在彼此相互知觉的活动上；虽然有些知觉非常明白清楚，但有另一些知觉则处于暧昧和混乱的状态中。然而，知觉并不代表单子之间任何真正的相互作用。单子是“没有窗户”的，它们在创世之时就被上帝上足了发条，所以它们生生世世都将维

① Limbo，位于地狱的边缘，是儿童的灵魂和基督诞生前好人的灵魂所去的地方。——译者注

持着彼此之间的预定关系。它们是不朽的。

在莱布尼兹的单子哲学观点的背后，隐藏着若干极为有趣的生物学方面的思想。在莱布尼兹那个时代，李文霍克（Leeuwenhoek）首先使用了简便显微镜去研究微小的动植物。他所看到的动物都是有精子的。在哺乳类动物中，精子远比卵子容易找到和看到。人卵一次只发射一个，所以子宫里的未受精卵或早期形态的胚胎直到最近之前还是解剖学上所要搜求的罕见之物。因此，早期使用显微镜的科学家便十分自然地受到了蒙蔽，以为精子是胎儿发育中的唯一重要的因素，对于尚未观察到的受精现象的可能性则完全懵然无知。此外，在他们的想象中，精子的前段或头部就是一个蜷缩着的、头部向前的小胎儿。他们还认为这个小胎儿自身也含有精子，这些精子又可以发展为下一代的小胎儿并且成人，如此类推以至于无穷。他们假定女性仅仅是精子的看护者。

当然，从现代观点看来，这种生物学完全是错误的。在决定个体的遗传性时，精子和卵子是资格近乎等同的参与者。此外，下一代的生殖细胞只是可能地（in posse）包含在它们之中，而非实在地（in esse）包含在它们之中。物质不是无限可分的，从任何绝对标准看来，它的确也不是可以分得很细的；为了形成李文霍克的那种等级较高的精子，那就需要把物质不断地细分下去，这样分，就会很快地把我们带到电子级以下去了。

目前流行的观点，与莱布尼兹的观点相反，认为个体连续性在时间上有一个非常确定的始点，但是，它在时间上可以有一个甚至完全不同于个体死亡的终点。大家都知道，青蛙的受精卵在第一次分裂时是形成两个细胞的，这两个细胞在适当条件下可以分开。如果它们这样分开了，则每个细胞都将长成完整的青蛙。这无非是同型孪这种正常现象的一例，胚胎在解剖上容易处理，所以这种现象是完全可以进行实验的。人的同型孪所发生的情况也恰恰是这样，每胎四个同型孪的犰狳类也是正常现象。此外，当胚胎的两个部分裂得不完全时，这现象就导致了双生怪胎。

但是，乍看起来，孪生问题似乎不像它实际所有的那样重要，因为它不涉及动物或人的可以看做正常发展的心灵和灵魂这个问题。即使是双生怪胎或是不完全分裂的同型孪，问题也不突出。能够成活的双生怪胎总是这样的：要么有一个单一的中枢神经系统，要么有一对彼此分开并且得到正常发展的大脑。困难在于另一方面，即人格分裂问题。

二三十年前，普林斯(Prince)博士在哈佛大学提出了一个女孩的病历，在她的身体中，似乎有几个发展得较好或较坏的人格交替地出现，甚至它们能在某一程度上同时并存。今日的心理分析学家都喜欢注意鼻子底下的小问题，所以当人们提出普林斯博士的工作时，他们都把这现象归于歇斯底里。十分可能，像普林斯所设想的那样绝对化的人格分裂是根本不存在的，但是，分裂终归是分裂。"歇斯底里"这个字所涉及的现象已被医生很好地考察过了，但是，他们对它所作的解释是如此之少，以致我们只好把它看做 question-begging① 的别称。

不管怎样，有一件事情是清楚的。个体在肉体上的同一性并非由于造成肉体的物质所致。使用示踪元素参与新陈代谢的现代方法表明：不仅是整个躯体的更新速度，而且是躯体的任一组成部分的更新速度，都远比我们长期以来所设想的可能速度大得多。有机体在生物学方面的个体性似乎可以用过程的某种连续性来说明，可以用有机体对其过去发展的种种结果之具有记忆这一点来说明。这个看法似乎也适用于有机体的心理发展。用计算机的术语来说，心理上的个体性可以用它对过去的程序带和记忆的保持能力来说明，可以用它按照预定方向不断改善自己的能力来说明。

在这些条件下，正如我们可以用一架计算机作为模式来安排其他计算机的程序一样，也正如这两部机器往后除非程序带

① 即逻辑上的 Petitio principii，意即以本身尚待证明的原理作为论据的议论。——译者注

和经验有所变化外均将保持相同的发展一样，一个生命个体可以分裂为具有共同的过去而发展道路逐渐分歧的两个个体，这中间并没有什么不一致之处。同型孪所发生的情况正是这样；我们没有什么理由认为我们叫做心灵的东西不可能发生类似于身体方面的分裂。再用计算机的语言来说，一部原先构成单一系统的机器是会在运转的某一阶段分裂为若干其独立程度较高或较低的部分系统的。这对于普林斯所作的观察讲来，就是一个可以接受的解释。

此外，人们可以设想，原先不相耦合的两部大型机器也有可能耦合起来，从而从该阶段起就像一部单一的机器那样地工作着。这一类情况在生殖细胞的结合中确实发生过，虽然在我们通常所讲的纯粹心理的水平上也许没有发生过。教会关于灵魂个体性所要求具有的心理同一性的观点的确在教会感到满意的任何绝对意义上都是不存在的。

扼要总结一下：躯体的个体性与其说是一种石头性质的个体性，不如说是一种火焰性质的个体性；是形式的个体性，而不是带着实体的个体性。这种形式可以传送，可以改变，也可以复制，虽则我们目前仅仅了解到如何在短距离内进行复制的办法。当一个细胞分裂为二，或当使我们的肉体和精神得以遗传的一个基因为了给生殖细胞的进一步分裂提供准备条件而把自身分裂开时，这便是物质的分裂，这种分裂是由活组织得以复制其自身模式的力量制约着。既然情况如此，那么，我们从甲地发一个电报到乙地时所能使用的运输类型和我们至少在理论上输送一个生命机体(例如人)时可能使用的运输类型，二者之间没有绝对的区别。

因此，我们不妨设想：一个人除靠火车或飞机来旅行外，也许还可以靠电报来旅行。这个想法未必荒谬到绝对不能实现的地步。困难当然极大。我们可以估算出一个生殖细胞中全部基因所传送的有效信息量，以之与人所具有的得自学习的信息相比较，我们就可以定出遗传信息的数量。为了保证该消息终归有效，那我们就得传送至少不低于一整套《大英百科全书》的信息。事实上，如果我们把生殖细胞中全部分子所含有的非对称碳原子的数目同编纂一部《大英百科全书》所需的句点和逗点的数目相较，我们就会发现，前者包含的信息量远多于后者；而当我们认识到用电报输送这么多的信息所需的条件时，它给人们的印象就更加深刻了。对人体进行任何扫描，必然是一种穿透人体各个部分的探针，因而，它将在其所经的途径上破坏有关的组织。为了在别的地方用别的材料把它再造出来，就要使有机体保持稳定，但它的某个部分却在慢慢地毁坏着，包括有机体的活动能力的降低在内，而这，在大多数情况下，是会破坏组织中的生命的。

换言之，我们之所以不能把某人的模式用电报从甲地拍送到乙地，这个事实似乎是因为技术方面有困难，具体讲来，是因为有机体在这种根本性的改造期间中难于继续维持其生命之故。这个看法很可能是对的。至于生命体的根本改造问题，我们很难找到一种远比蝴蝶在蛹期所经历的改造更为根本性的改造了。

我讲这些事情，不是因为我要写一本科学幻想小说，谈论用电报输送人体的可能性，而是因为它可以帮助我们理解到这样一点：通信的基本观念就是消息的运输，而物质和消息一起运输乃是达到上述目的的唯一可以设想的方式。这就使我们从交通运输与其说是基本上在于输送人体，倒不如说基本上在于输送人的信息这样一个观点，来很好地重新考虑吉卜林关于交通运输在现代世界中的重要性了。

第六章

法律和通信

· Ⅵ *Law and Communication* ·

法律可以定义作对于通信和通信形式之一即语言的道德控制，当这个规范处在某种权威有力的控制之下，足以使其判决产生有效的社会制裁时，更可以这样地看。法律是以所谓正义得以伸张、争端得以避免或至少得以仲裁这样的方式来调节各个人行为之间的“耦合”过程的。因此，法律的理论和实践包括两类问题，一是关于法律的一般目的即关于正义的概念等问题；一是使这些正义概念得以生效的技术问题。

MASSACHVSETTS INSTITVTE OF TECHNOLOGY

法律可以定义作对于通信和通信形式之一即语言的道德控制，当这个规范处在某种权威有力的控制之下，足以使其判决产生有效的社会制裁时，更可以这样地看。法律是以所谓正义得以伸张、争端得以避免或至少得以仲裁这样的方式来调节各个人行为之间的“耦合”过程的。因此，法律的理论和实践包括两类问题，一是关于法律的一般目的即关于正义的概念等问题；一是使这些正义概念得以生效的技术问题。

经验地说，历史上关于正义的概念有过如此不同的主张，就像世界上有过如此不同的宗教，或者就像人类学家承认有过如此不同的文化一样。我不相信我们能够找到一种比我们的道德信条自身更为高级的标准来评断这些概念，而道德信条的确就是我们的正义概念的别称。我自己是持着自由主义观点的，这种观点根源于西方传统，但也传播到具有强大智慧-道德传统的东方各国，并且它的确又从东方各国吸取了很多东西；正因为如此，所以我只能谈谈我自己和我周围的人们对于正义存在之必要条件的看法。表达这些要求的最恰当字眼就是法国革命的口号：自由、平等、博爱。它们意味着：每个人的自由就是最大限度自由地去发展体现在他身上的种种可能性；平等就是当甲、乙二人交换地位时，原来对二人公平合理的东西现在仍然公平合理；除了人性本身带来的限制外，人与人之间的善良愿望不受任何限制。这些关于正义的伟大原则意味着并且要求着任何人都不得利用个人地位来强迫别人接受苛刻的契约。社会和国家为了自身的存在可以采取强迫手段，但其实施方式必须对自由不引起不必要的侵犯。

然而，即使是人类最大程度的礼让和自由主义，其自身都不足以保证一部法典公平无私并且行之有效。除了正义的一般原

◀麻省理工学院主楼

则外，法律必须是明确的、可重复的，以便每个公民都能预先确定他的权利与义务，特别是在它们和别人的权利与义务发生冲突时也能如此。他一定要做到能以合理的明确性来断定审判官或检察官处在他的地位上时将要采取什么观点。如果他办不到这一点的话，那么，一部法典，无论人们对它想得如何之好，也不足以使他的生活免于争端和混乱。

让我们从一个最简便的观点即契约法的观点出发来考察一下这个问题吧。假定按照契约，甲方有义务完成某项一般讲来对乙方有利的工作时，则乙方反过来也有义务去完成一项对甲方有利的工作或付酬给甲方。如果每项工作和报酬的性质完全明确，又如果订约的一方不采取强制办法把自己的与契约本身毫无关系的意志强加于他方的话，那我们就可以放心，让契约双方自己去判断订约条件是否公平合理。如果契约是明明白白地不公平的，那我们可以假定契约的一方至少是处在有权拒绝订约的地位上。但是，如果所用术语的意义未经确定，或者它们的意义随法庭的不同而不同，则契约双方就不能以任何正义来弄清订约的意义了。因此，法律的首要责任就是使某人的权利和义务在某一确定情况下不至于暧昧不明。除此以外，我们还应该有一个法律解释机构，它要尽可能地不受案件处理机构的意志和解释的影响。可重复性是公平合理性的先决条件，因为没有它就不可能有公平合理。

从这里就可以看出为什么判例在大多数的法律体系中具有非常重要的理论意义，又可以看出为什么它在一切法律体系中都具有重要的实践意义。有些法律体系企图用某些抽象的正义原则为基础。罗马法以及在其影响下的各种法律体系就属于这一类，它们的确就是欧洲大多数国家的法律。但另外还有一些法律体系，例如英国法，则公开宣称判例是法学思想的主要基础。无论是哪一类法律体系，任何一个新出现的法学术语，如果未经实践来确定其种种限制性，那它就不可能具有完全确定的意义；而这，就是判例问题。不接受一个根据已有案件而做出的判决，就意味着反对由法律语言作出解释的一致性，事实上这是一个难操胜算的讼案，很可能还是一个后果不佳的讼案。每一个判决过的案件都应当有助于法学术语的进一步确定，这种确定是与过去判决相一致的，而它还应当自然而然地导致新案件的判决。法律上的每一措辞都应该以当地习惯和人们的有关活动来作检验。从事法律解释工作的审判官都应该按照下述精神来执行他们的职务：如果审判官甲换为审判官乙，那也不至于使法院对习惯和法规所作的解释发生本质上的变化。自然，这在某种程度上还是一种理想，而不是已经实现的事实。但是，如果我们不紧紧追随着这些理想，那我们就会产生混乱，甚至更糟的是，国家就无人管辖，骗子手就可以利用法律的各种可能解释而从中取利。

在契约法中，这一切都是非常明显的；但是，事实上，上述问题影响很广，影响到法律的其他部门，尤其影响到民法。让我举出一例作说明。某甲由于其雇员某乙的疏忽而使某丙的部分财产受到损失。谁来赔偿呢？按照什么比例来赔偿呢？如果每个人事先都对这些问题有同样的了解，那么那个人就可以照例用较大的代价给自己的企业保上最大的险，从而使自己得到安全。他用这些手段可以为自己补偿相当部分的亏损。这种做法的一般效果就是把损失分摊给社会，使得大家都不至于破产。所以，私犯法[①]在一定程度上具有与契约法相似的性质。一般说来，任何法律责任，包括无力赔偿损失的种种可能性在内，都将促使蒙受损失的人采取商品加价或劳动加酬的方式把他的损失转嫁给整个社会。在这里，就跟契约的情况一样，无歧义性、判例和十分明确的法律解释传统都远比理论上的公平合理更有价值，这在赔偿额的评定中尤为明显。

当然，上述讲法是有例外的。譬如说，旧的债务监禁法在下述一点上就是不公平的：它把有责任还债的人放在难于取得其

① law of torts，指民事中的不法行为，不包括破坏契约的行为在内。——译者注

还债手段的地位上。目前有许多法律也是不公平的，因为，譬如说，它们假定了当事人的一方有权选择现有社会条件下所不存在的自由。我所说的关于债务监禁法的意见同样有效于劳动偿债制以及许多其他类似的社会弊病的。

如果我们要实行自由、平等、博爱的哲学，那我们除要求法律责任无歧义外，还要加上一个要求，即法律责任不应当是这样的性质：一方被迫行动，而另一方自由。我们同印第安人相处的历史，无论在强迫方面，无论在法律解释的含糊其辞方面，都充满了这样的事例。从最早的殖民时代开始，印第安人既无足够多的人口，又无对等的武器，使得他们能在公平合理的基础上来对付白人，特别是在白人与印第安人之间的所谓土地协定签订之后，这个情况就更加明显了。除了这种极大的不公平外，还有语义学方面的不公平，后者甚至还要严重些。印第安人是狩猎民族，没有土地私有的观念。对他们说来，像地产权那样的所有权是不存在的，虽则他们具有在特定地区上的狩猎权的观念。在他们同殖民者签订的协定中，他们所希望得到的就是狩猎权，一般说，这只是在某些地区上的共同狩猎权。在另一方面，白人却认为（如果我们对白人的所作所为尽可能给予最好的解释的话），印第安人所要求取得的乃是地产所有权。在这些情况下，即使是貌似公平的东西也是不可能存在的，更不必说有没有公平这种东西了。

目前西方各国的法律中最难令人满意的地方就在于刑事方面。法律似乎把刑罚时而看做对其他可能的犯罪者的恐吓手段，使他们不敢犯罪；时而看做罪人的赎罪仪式；时而看做把罪犯和社会隔离起来的方法，以免罪犯有重复犯罪的危险；又时而看做对个人进行社会改造和道德改造的手段。这是四种不同的任务，可用四种不同方法来完成；因此，除非我们知道正确调节它们的方法，我们对待犯人的整个态度就是自相矛盾的。在现在，刑法时而讲这种语言，时而讲另一种语言。除非我们下定决心，认为我们社会真正需要的是赎罪，抑或是隔离，抑或是改造，抑或是威胁潜在的罪犯,这些办法是起不了作用的,而只会把事情弄得乱七八糟,以致一件罪行引起了更多的罪行。任何一部法典的制定,如果其中有四分之一是根据18世纪英国爱好使用绞刑的偏见,有四分之一是根据把罪犯和社会隔离起来的原则,有四分之一是根据冷漠无情的改造政策,还有四分之一是采取吊起一只死乌鸦来吓走其余乌鸦的政策,那它肯定对我们是一无用处的。

我们还可以这样地说,不论法律的其他责任为何,它的首要责任就是认识法律自身的缺点。立法者或审判官的首要责任就是作出明确的、无歧义的陈述,而解释这种陈述的方法,不仅对于专家,而且对于当时的普通人讲来,都只能是唯一的,而不能是多种多样的。对于过去判件的解释技术一定要做到这个地步:一位律师不仅应该知道法庭讲过什么,而且应该以最大的可能性猜出法庭正要讲什么。因此,法律问题可以看做通信问题和控制论问题,这也就是说,法律问题就是对若干危险情况进行秩序的和可重复的控制。

在法律的许许多多部门中,法律想说的话和法律所考虑的实际情况之间缺乏令人满意的语义方面的一致性。每当这种理论方面的一致性不存在时,我们就生活在一个无人管辖的地区中,其情况好比我们有两种流通货币而没有共同的交换基础一样。在不同的法庭之间,或者在不同的货币制度之间,缺乏一致性的地区总是给不诚实的经纪人钻了空子,无论从财政方面或是从道德方面来说,他仅仅按照对他最为有利的货币制度来接受别人的支付,他也仅仅按照使他牺牲最少的制度来付款。在现代社会里,跟不诚实的经纪人一样,罪犯的最好条件就是钻法律的空子。我曾经在前面一章指出:噪声可以看做人类通信中的一个混乱因素,它是一种破坏力量,但不是有意作恶。这对科学的通信来说,是对的;对于二人之间的一般谈话来说,在很大程度上也是对的。但是,当它用在法庭上时,就完全不对了。

我们法律体系的整个性质就是斗争。它是一种谈话,其中至少有三方面参加，譬如说，在民事案件中，有原告、被告，还有审判官和陪审员所代表的法律体系。这是十足的冯·诺伊曼意义下的博弈，其中，当事人力图用法律条文所规定的种种方法使审判官和陪审员成为自己方面的合作者。在这种博弈中，对方的律师，不同于自然界自身，能够设法把混乱引进他所反对的那一方的消息中去，而且他是有意识地这样做的。他设法把对方的陈述变成没有意义的东西，并且有意识地把对方和审判官与陪审员之间的消息堵塞起来。在这种堵塞的过程中，欺骗手段有时不免非常需要。在这里，我们无须用加登纳(Gardner)的侦探故事的票面价值来描述法律程序，就能了解诉讼中的若干场合不仅允许使用欺骗手段，而且鼓励使用欺骗手段，或者说，不仅允许有意识地把发送消息的发讯人的意图隐瞒起来，而且鼓励他去这样做的。

第七章

通信、保密和社会政策

·Ⅶ *Communication, Secrecy, and Social Policy*·

在世界事务中，两种对立的甚至矛盾的趋势成为近些年的特点。一方面，我们有空前完善的国内的和国际的通信网。另一方面，在参议员麦卡锡(McCarthy)及其模仿者的影响之下，军事情报盲目而过度的分工以及他们最近对国务院的种种抨击，使得我们的思想日益趋于谨防泄密的状态。

METROPOLITAN
WAREHOUSI
METROPOLITAN STAGE
FIRE RO OF
CITY CAB 536-5100

在世界事务中，两种对立的甚至矛盾的趋势成为近些年的特点。一方面，我们有空前完善的国内的和国际的通信网。另一方面，在参议员麦卡锡(McCarthy)及其模仿者的影响之下，军事情报盲目而过度的分工以及他们最近对国务院的种种抨击，使得我们的思想日益趋于谨防泄密的状态，这种情况只能用历史上文艺复兴时期的威尼斯来比拟。

威尼斯的大使们拥有极其准确的新闻搜集机构(它们成为欧洲史研究的主要来源之一)，加上他们对于秘密有民族性的爱好，使得这些机构竟然扩展到这个地步：国家下令暗杀侨居国外的工匠，以此来维持某些精选的艺术品和工艺品的垄断地位。"警察和强盗"这一现代游戏——似乎标志着俄国和美国这两个20世纪世界霸权的主要竞争者——令人想起了古意大利的"斗篷和短剑"这出闹剧在一个更为广大的舞台上演出。

文艺复兴时期的意大利也是现代科学经受临盆痛苦的地区。然而，今天的科学是一项远比文艺复兴时期意大利的科学巨大得多的事业。我们现在按照某种比马基雅维利[①]时代更为成熟、更为客观的思想来考察现代世界中信息和保密方面的一切因素应该是可能的。鉴于前面讲过的事实，情况尤宜如此：目前关于通信问题的研究，就其独立和权威的程度而言，已经达到使它有权成为一门科学了。这门现代科学对于通信和保密的状况及其职能不得不告诉我们的东西是什么呢？

我写这本书主要是给美国人看的。在美国人的生活环境中，信息的种种问题都是按照标准的美国眼光来评价的：一物之有价值就在于它作为一项商品之进入公开市场的情况。这是

◀麻省理工学院内的街道

① Machiavelli(1489—1527)，意大利政治家、历史学家、诗人和军事著作家。——译者注

官方的正统学说，它愈来愈会受到美国居民的怀疑。我们指出这个学说不能代表人类价值的共同基础，也许是值得的：它既不与教会的学说即寻求人类灵魂得救之路的学说相当；也不与马克思主义的学说即从实现人类福利的若干特定理想以评价一个社会的学说相当。在典型的美国世界中，信息的命运变成了某种可以买卖的东西。

我不是存心找岔子，去指摘生意人的态度是否道德和明智。我的任务是指出：这种态度导致了对信息及其有关概念的误解和错待。我将在几个领域中讨论这个问题，先从专利法谈起。

专利证明书就是授予发明家对其发明物以有限的垄断权。对他说来，专利证明书就是特许状，而一个特许状就是一家特许公司。在我们的专利法和专利政策的背后，就是大家所默认的关于私有财产以及由此而来的种种权利的哲学。这种哲学非常近似地代表了目前正将结束的时期中的实际情况，在那个时期中，发明物一般是由熟练技工在工厂里做出来的。对于今天的发明事业讲来，这种哲学甚至提供不出一个勉强可用的图景了。

专利局的标准哲学就是预先假定有位技术工人，他具有一般所谓的机械发明才能，通过一系列的试验和失败，然后由一定的技术发展到更高的水平，体现为一种专门仪器。专利法把制出这种新工具所必需的发明才能同另一种发明才能，即发现世界上的种种科学事实所必需的发明才能区别开来。后一种发明才能是列在**自然规律的发现**这个项目下面的；在美国，如同在许多具有类似的工业实践的国家里一样，法律否认科学家对他可以发现到的自然规律有任何私有权。由此可知，在某个时候，这种区分完全是从实际出发的，因为工厂发明家有一种传统和背景，而科学家则有一种与之迥然不同的传统和背景的。

人们显然不会把狄更斯的《小多立特》(*Little Dorrit*)一书中的道意斯(Doyce)错认作他在别处谈到的麦佛协会(Mudfog Association)的会员们的。狄更斯赞美前者是一位富有常识的技术工人，有手工工人的粗壮的大拇指头，有永远面对事实的诚实态度，至于麦佛协会，那只不过是不列颠科学促进会早期的一个有损声誉的诨号而已。狄更斯诽谤后者是由一批一无用处的梦想家组成的团体，他所用的讽刺语言，斯威夫特[①]不会认为不适于用来描写拿普大的骗子手们的。

目前，像贝尔电话实验室这样一个现代科学研究的实验机构，即使它还保持着道意斯的实用性，实际上都是由麦佛协会的子孙们所组成。如果我们把法拉第(Faraday)看做不列颠科学促进会早期的一个卓越而典型的会员的话，那么，到了今天的贝尔电话实验室的研究人员，这根链条就是完整的了，它经由麦克斯韦和亥维塞(Heaviside)到坎贝尔(Campbell)和香农。

在现代发明的初期，工人远没有掌握科学。锁匠就能评定机械能力的等级。按照瓦特的看法，一个活塞是否适用于蒸汽机汽缸，就看一个薄薄的六便士铜币能否刚好塞进二者之间。钢是技术工人炼制出来的，用来铸造刀剑和其他武器。铁是炼铁工人的产物，形状各异，还混着矿渣子。在我们能有一位像法拉第那样善于实践的科学家来代替道意斯之前，他的确得走一段很长的道路。大不列颠的政策，甚至当这种政策是由目光如豆的、像狄更斯小说中的"拖沓部"[②]那样的机构体现出来时，它会直截了当地把道意斯当做真正的发明家，而否决了麦佛协会的绅士们，这是不足为奇的。世代相传的官僚主义者柏纳可的家族(Barnacle family)会把道意斯折磨得像个鬼，直到他们不再叫他一个机关又一个机关地奔走为止，因为他们内心深处是害怕他的，怕他变成新工业体系的代表人而把他们排挤掉的；至于麦佛协会的绅士们，他们既不害怕，也不尊敬，更不了解。

在美国，爱迪生(Edison)代表了道意斯和麦佛协会会员之间的正式过渡。他本人非常像个道意斯，他甚至非常想做一个

---

① J. Swift(1667—1745)，英国讽刺作家，著有《格利佛游记》(*Gulliver's Travels*)等，拿普大(Laputa)是该游记中所讲的一个浮岛，岛民是一批空想家。——译者注

② Circumlocution Office，狄更斯《小多立特》一书中的机关名，柏纳可家族操其实权，专门从事官僚主义的官样文章。——译者注

名副其实的道意斯。但虽然如此,他从麦佛阵营中挑选出许多人作为自己的职员。他的最大发明就是发明了工业研究实验室,把发明事业变成了生意经。通用电气公司、威斯汀豪司公司的各个企业以及贝尔电话实验室都是步着他的后尘的,雇用了好几百个科学家,而爱迪生只不过雇用了几十人而已。发明已经不再意味着工厂工人偶尔有之的洞察力了,它变成了一批胜任其事的科学家进行细致而广泛的研究的成果。

现在,由于到处都有从事应急发明的智力活动的组织,发明正日益失去它的作为商品的等同物。一物之成为好商品的条件是什么呢?扼要地说,这条件就是:它的价值要能从一手转到另一手时本质地不变,同时,该商品的各个部分应当如所值的金钱那样地在数学上是可加的。自身守恒的能力乃是好商品所具有的一种对人非常方便的特性。例如,一定量电能,除了微小的损耗外,在导线的两端数量相同,因此,给若干千瓦·时的电能以相应的价格就不是太难的事情了。同样的情况也适用于物质守恒定律。我们通常的价值标准是黄金的量,而黄金就是一种特别稳定的物质。

信息,在另一方面,不是那么容易守恒的,因为我们前面已经讲到,通信所传递的信息量是和一个叫做熵的非可加量有关,它和熵的差别是一个代数符号和一个可能的数值因子。正因为熵在闭合系统中有自发增加的趋势,所以信息也就有自发降低的趋势;正因为熵是无秩序的量度,所以信息是秩序的量度。信息和熵都不是守恒的,都同样地不适于作为商品的。

让我们从经济角度来考察信息或秩序,以一副金首饰为例。金首饰的价值包含两个部分:金子的价值和“款式”(façon)的即艺术加工的价值。当我们拿一副旧首饰抵押给典当商或卖给珠宝商的时候,这副首饰的固定不变的价值仅限在金子方面。至于款式方面的价值之受到考虑与否,那得取决于许多因素,诸如售者的坚持,首饰制造之时该款式的流行与否,纯艺术方面的技巧,从博物馆角度看待这副首饰的历史价值以及购者的坚持等等。

由于不了解金子的和款式的这两种类型的价值之间的区别，许多财富丧失掉了。集邮市场、旧书市场、古董市场以及丹康·菲弗家具市场全都是人为的市场，因为除了拥有这类东西会给物主以真正的快乐外，绝大部分的款式价值不仅是在于事物自身的稀有性，而且是和暂时存在的竞相购买该物的活跃的购买力有关。经济危机限制了可能的购买力，它可以把该物的价格降低四五倍，于是一大笔财富就会仅仅因为缺乏竞购者而化为乌有。如果另一种新的流行款式在有远见的收藏家的关注之下而排挤了旧的款式时，那么最滞销的货物就会又一次地退出市场。收藏家们的鉴赏力是找不到一个恒定不变的公分母的，除非大家都达到了审美价值的最高标准。因此，对名画所付的价格甚至在很大程度上也反映了买主想得到富有和内行的名气这种愿望的。

把艺术品当做商品，就产生了一大批对于信息论讲来具有重要意义的问题。首先，除了那种生性褊狭的收藏家要把自己全部收藏品永远封锁起来外，艺术品的实物占有既非人们对它欣赏而得到快乐的充分条件，亦非人们对它欣赏而得到快乐的必要条件。事实上，有几类艺术品本来是供大家欣赏的，而不是供私人欣赏的；谁占有它的问题差不多无关宏要。一幅伟大的壁画未必可以作为流通的证券，墙上绘有这幅壁画的建筑物也未必可以有此用途。无论表面上谁是这些艺术品的所有者，他至少要把它们分给经常往来于这些建筑物之中的一定量的人们，通常是世界上随便什么人都可以分享。他没法把这些艺术品放到保险柜里，只在吃饭的时候拿出来跟几个行家心满意足地观赏它们，他也没法把它们当做私人所有物而全数封存起来。仅有极少数的壁画是偶然地在秘密地方画出的，夕奎罗斯[①]画了一幅用来装饰墨西哥监狱的一面大墙，这所监狱是他作为政治

---

① Siqueiros是参加刺杀托洛茨基的墨西哥画家。——法译本注

犯而服刑的地方。

关于艺术品的纯实物占有问题，我们就说到这里。艺术中的所有权问题就复杂得多了。让我们来观察一下艺术品的复制问题吧。毋庸置疑，艺术欣赏中最美妙的精华部分只能从原作中得到，但同样正确的是，一个从未见过名作原本的人也能培养起广泛而深刻的鉴赏力的，同时，艺术创作中的美学魅力绝大部分可以通过质量良好的复制品传达出来。音乐的情况也是如此。在欣赏一支乐曲时，听者要是出席演奏会的话，那是可以得到某种重要的东西的，但虽然如此，为了理解这次演奏，他要预先学习，做好准备，他的欣赏力将会通过聆听好唱片而得到如此之大的提高，以致我们很难说二者之中哪一种经验更加重要些。

从所有权角度看，复制权是由我们的版权法来规定的。但是，版权法无法规定别的一些权利，这些权利几乎都向我们提出了这样的问题：任何人都有资格在有效意义上成为艺术创作的所有者。于是，何谓真正原作这个问题就出现了。例如，在文艺复兴初期，透视法是艺术家的新发现，一位艺术家巧妙地开拓周围环境中的这个因素是能够给人以巨大愉快的。丢勒(Dürer)、达·芬奇(Da Vinci)及其同时代人就体现了当时艺术界巨擘从这个新发现中所找到的趣味。但是，由于透视法是一种一经掌握就会很快地对它失去兴趣的技法，所以本来在原作者手中是伟大的东西，现在却是每一位多愁善感的、讲生意经的艺术家在设计月份牌时都能运用自如的手法了。

前面已讲的东西看来不值得再讲了；要想评定一幅画或一部文学作品的信息价值，我们就不能不知道它含有那些为大家对今人和古人的作品所未曾消化了的东西。只有独立的信息才是近乎可加的。第二流复制家所引申出来的信息对于前此发出的信息而言就远不是独立的了。因此，千篇一律的恋爱故事，千篇一律的侦探小说，通俗杂志中为一般人所欢迎的、成功的故事等，都是受着版权法的字面支配，而不是受着版权法的精神支配的。禁止一部电影以一连串低级趣味的镜头来引诱中、下层群众对这种感情状态产生兴趣而取得成功的版权法是不存在的。我们既没有复制新的数学观念的方法，也没有复制新学说例如自然选择说的方法，也没有复制其他任何新东西的方法，除非用同样的话对同样的观念作出全同的复制。

重说一下，陈词滥调之得以流行，不是偶然的，它是信息本性所固有的现象。信息的所有权必然要碰到下述的不利条件：要使社会上的一般信息丰富起来，该信息就必须说出某种在本质上异乎社会上原先公共储藏的信息。在伟大的文艺经典作品中，大量具有显见价值的信息甚至都会被人抛弃，仅仅因为大家已经熟悉它们的内容了。学生不喜欢莎士比亚，因为依他看来，莎士比亚无非是一堆熟悉的引句。仅当人们对这位作家有了深入的研究，摆脱了当时浅薄的陈词滥调所采用的那个部分之后，我们才能同这位作家重建信息方面的联系(rapport)，并且对他的作品作出崭新的评价来。

依据这个观点，使人感到有意思的事情是：有些作家和画家，虽然在感性和知性的道路上进行了广泛的探索而打开了一个时代的大门，却对自己的同时代人和多年的追随者有着几乎是破坏性的影响。像毕加索(Picasso)这样的画家，经历过许多时期，发展过许多艺术形式，最后才说出了这个时代的话到舌头就要说出的全部的话，终于使自己的同时代人和晚辈的创作变得索然无味了。

通信之商品性质的固有界限何在，很难引起大家普遍地来考虑这个问题。普通人都认为米西纳斯[①]的工作就是购买和收藏艺术品，而不是鼓励当时的艺术家去进行创造。与此完全类似的情况是，普通人相信有可能把国家的军事机密和科学机密储藏在安静的图书馆和实验室里，正像我们之有可能把上次战争中使用过的武器储藏在军械库里一样。这种人的确还进一步

---

① Maecenas，罗马政治家和文学、美术的保护者，曾保护过罗马诗人维吉尔(Virgil)和荷拉斯(Horace)。——译者注

地认为：在本国的实验室里得到的信息从道义上讲来就是本国的财产，如果别国利用这种信息的话，那不仅有可能是叛国行为的产物，而且在本质上就是盗窃。他想象不出任何一种没有所有者的信息。

在变动不居的世界中，能把信息储藏起来而不使其严重地贬值，这种想法是荒诞的。它的荒诞程度不亚于后述一种更加似真而假的主张：在一次战争之后，我们可以把现有武器收集起来，擦上机油，再用橡皮袋封裹，让它静候下一次战争的来临。可是，考虑到战争技术的种种变化，步枪虽然还可以很好地储藏起来，坦克就差远了，而军舰和潜水艇就更谈不上保存的问题了。事实上，武器的功效严格决定于它在特定时期中与什么武器相对，又决定于那个时期关于战争的整个观念。已经不只一次地证实了这个结果了：储藏的武器堆积如山是会把军事政策引上错误道路的，所以，在我们还具有正确选择为防止新灾难而准备必要工具的自由时，我们恰恰给新灾难的到来创造了非常有利的条件。

在另一方面，即在经济方面，英国的例子表明，上面所讲的情况显然是真实的。英国是经过全面工业革命的第一个国家；它从革命前期继承下来的是窄轨铁路、设备陈旧而需要大量投资的纱厂以及它的社会制度的局限性——这一切都使得现代的日益增长的种种需要转化成严重的危机，只能用一种相当于社会革命和工业革命的办法来克服。在现在，纵使最新兴的国家在工业化的时候就能够利用最新的和最经济的设备，就能够建立起合乎现代需要的铁路系统从而用大小合乎经济要求的车厢来运输货物，就能够生活在今天的时代里而非生活在百年之前，然而，这一切都在继续发生着。

对英格兰是正确的东西，对新英格兰[①]同样是正确的。在新英格兰，人们发现，工业企业的现代化常常要花去很大一笔的费

① 美国东北部六个州的总称。——译者注

用，这比拆掉旧的并在别处重建新的还要费钱得多。除了把制定相对严格的工业法和进步的劳工政策所面临的种种困难完全不计外，纺织工业之所以不愿意建立在新英格兰的主要原因之一，如工厂主的坦白表示，就在于他们不愿意受到百年传统的束缚。由此可知，即使在原料加工占主要地位的领域中，生产过程和劳动保护归根到底也要不断地革新和发展的。

信息，与其说是旨在储藏，不如说旨在流通。在一个国家里，如果信息和科学的状况适应于国家的种种需要，则它就会得到最大的安全——在这个国家里，信息的重要性是充分地得到实现的，它是作为我们观察外界并对外界作出有效行动的连续不断的过程中的一个阶段。换言之，把科学研究的成果详细记载在书籍和文章里而后标明"密件"存入图书馆，无论其数量如何巨大，都不足以在任何时间长度内保证我们的安全，因为世界上的有效信息是在不断地增加着的。对于人脑说来，没有马其诺防线。

重说一下，人活着就不免要参加到受外界影响并对外界作出行动的连续流中，而在这个连续流中，我们只不过是承前启后的中介物而已。换个意思说，活在不断变化的世界中就意味着去参加知识的连续发展，参加知识的畅通无阻的交流。在完全正常的情况下，要保证我们具有上述这种足够敷用的知识远比保证某一可能的敌人没有这种知识困难得多，而且也重要得多。军事研究实验室的全部措施却是采取了与我们自己最优地使用信息并最优地发展信息的相反路线的。

在这次大战期间，我在一定程度上负有解某一类型积分方程的责任，这种方程不仅存在于我自己的工作中，而且至少还存在于两个彼此完全无关的计划中。我知道这两个计划中有一个一定是要出现这种方程的；至于另一个计划，我在一次初步参与该项工作的商讨中相信它也是应该出现的。由于同一思想有三种应用，它们从属于三个完全不同的军事计划，有着完全不同的保密程度，又在不同的地方执行，所以无法把其中的任一方面的信息告诉其他。结果是，三个部门本来可以共同使用的成果，却要求有三个彼此无关而又完全相同的发现。由此带来的时间耽误大约半年至一年之久，也许还要多些。从金钱开支方面看（这在战争中当然是不重要的），总数相当于一大批最高薪人员的年薪。一个敌人要想从这项工作中取得价值相当的应用，其麻烦程度就跟我们把全部工作重新做过的损失相当。要知道，敌人是不可能加入我们非正式举行的甚至是在保密机关布置下的生产讨论会的，因而他就没有机会处在评价和利用我们的研究成果的地位上。

在估计信息价值的一切方法中，时间问题有着重要的意义。例如，一种含有任何程度的、内容十分机密的信码或密码，不仅是一把难以打开的锁，而且是一把需要用相当时间才能正确打开的锁。适用于小单位战斗的战术情报几乎可以肯定在一两小时后就会过时。它能否在三小时内被别人破译乃是一个意义不大的事情，最最重要的是，收到该项消息的军官应该能够在两分钟内把它读出。另一方面，较大的作战计划就太重要了，不能依靠这种保密程度有限的密码。但虽然如此，要是一位军官收到这项计划后需要花费一整天时间才能译解它，则贻误军情就会比任何程度的泄密更为严重。关于整个战役或外交政策的信码和密码可能是而且应该是更加不易破解的，但是，绝对没有这样一种信码或密码，即不能在任何限定时间内破密，又能含有重要的信息量，而非一小批互不关联的个别判决。

通常，破密的方法就是寻找该密码的一个足够长的用例，于是专家就可以弄清它的编码模式。一般说，这些模式至少得有最低程度的重复，不然的话，那些非常简短而又没有重复的电讯就无法译出了。但是，当一批电讯以前后完全相同的密码类型编出时，哪怕编码细节有种种变化，这些不同的电讯之间可以有足够多的共同点导致破密，首先是弄清密码的一般类型，然后弄清该专用密码。

也许表现在破密工作上的最伟大的才能绝大部分没有在各

种保密机关的年鉴上发表出来，但在题铭学家的著作中是可以看到的。我们都知道罗塞达石碑是怎样通过对埃及若干象形文字的解释（即知道了它们是托勒密们的名字）而后认识刻在上面的铭文的。[①] 但是，有一种译码工作，其意义更加伟大。这种译码艺术的最伟大的独一无二的例子就是把自然界自身的秘密译解出来，而这就是科学家的本分。

科学的发现就是为了我们自己的方便而对存在系统作出解释的，但存在系统之被创造出来时丝毫也没有为我们的方便着眼。结果是，世界上最经久的、适于保密的并受复杂信码系统保护的东西就是自然界的规律。因此，在破密的可能性中，除对人的保密手段和文件的保密方法直接进行攻击外，我们总有可能去攻击一切信码中最具本质意义的信码。要想发明一种像原子核这类天然信码那么难于破密的人工信码，看来是办不到的。

在译解信码时，就我们能够获得的信息而言，最重要的事情莫过于我们读到的消息不是莫名其妙的知识。迷惑译码人的普通方法就是在真正消息中混杂进去一种无法译解的消息，即混进一堆无意义的消息，混进不成句子的单字。同样，当我们考虑诸如原子反应、原子爆炸这类关于自然方面的问题时，我们能够公之于众的最最孤立的信息就是宣布它们存在着。但当科学家接触到一个他知道有答案的问题时，他的整个态度就改变过来了。可以说，他已经有百分之五十左右接近于那个答案了。

从这个观点看来，我们完全可以恰当地说，本来应该保密的、但已经成为人人皆知而且毫无障碍地为一切潜在敌人所知的关于原子弹的秘密之一，就是制造它的可能性。问题如此重要，科学界又相信它是有答案的，那么，科学家的智能和现有实

---

① Rosetta Stone，现存伦敦大英博物馆，1799年在埃及北部罗塞达城附近发现，是块玄武岩纪念碑。碑上以三种文字（埃及象形文字、埃及通俗文字和希腊文）铭刻埃及王托勒密五世爱斐芬尼斯的法令。法国学者方苏华·商坡梁从碑上希腊文的托勒密名和埃及女王克利欧帕特拉名找到相应的埃及象形文字，第一次对这种文字作出解读。托勒密是埃及马其顿王朝十六位统治者的名字，文中的托勒密们即指此二王之名。——译者注

验室的设备两者既已分布得如此之广，这就使得这项工作随便在世界上什么地方只要花上几年工夫就可以近乎独立地得到实现了。

目前在这个国家里有一种天真的信仰，认为我们是某种技术即叫做“专门技能”(know-how)的唯一所有者，这种专门技能不仅可以保证我们在一切科学技术的发展和一切主要发明方面占据优势地位，而且，如我们已经讲到的，可以保证我们对这种优势具有道德方面的权利。诚然，这个“专门技能”是和那些研究像原子弹之类问题的人们的民族血统毫不相干。要长期保证丹麦的玻尔(Bohr)、意大利的费米(Fermi)、匈牙利的斯杰拉德(Szilard)以及许多其他与这项工作有关的科学家在一起合作，那是已经不可能了。这样一种合作过去之所以成为可能，乃是由于大家极度地意识到了事变的迫切需要，由于纳粹的威胁激起了普遍的愤怒。为了使这批科学家在重整军备的长期间中合作共事，所需要的就不仅仅是夸张的宣传；在重整军备方面，国务院的政策似乎经常使我们受累不浅。

用不着任何怀疑，我们具有世界上最高度发展的、能够汇集大批科学家的力量和大量的金钱来实现某项计划的技术。但是，这丝毫也不应该使我们过分满足于我们的科学地位，因为同样清楚的是，我们正在培育着除非依靠大量的人力和金钱就无法考虑任何科学计划的年青一代。法国人和英国人以其技巧制造出了大量仪器，一位美国的中学教师则会轻蔑地把它看做是用木头和绳子马马虎虎做成的东西；但是，这种技巧在我们年青一代中再也找不到了，只有极少数的例外。目前流行的大型实验室是科学中的新事物。我们之中有那么一些人却要把它设想作永远不会陈旧过时的东西，然而，当我们这一代的科学思想变得陈旧无用或者至少给我们的知识投资带来的收益大为减少的时候，我却预见不到下一代人会有能力提出什么了不起的思想作为了不起的计划的天然基础。

对于应用在科学工作上面的信息概念的明确理解说明了两

项信息如果独立并存，其价值是不大的，反之，如果它们能够很好地结合在某人心中或某个实验室里，那它们就能够彼此丰富起来。下述组织是与这种要求完全不相容的：其中的每个成员都在预先规定的道路上行走，当科学哨兵走到自己的巡逻区域的尽头时，举枪，向后转，沿来路回去。两位科学家的相互接触，是会产生极为丰富的成果的，是会使科学生气蓬勃起来的，但是，这只有在下述情况中才能产生：至少有一位科学代表者远远地越过前沿阵地从而能够把邻近领域的思想吸取过来形成一套有效的思想方案。实现这种类型的组织的天然手段就是采取这样的办法：让每位科学家的研究方向由他自己的兴趣范围来确定，而不是预先给他指定一个巡逻地带。

这样轻松的组织即使在美国也是存在的；但在目前，它们只是少数公正人士的努力结果，而不是那些自以为懂得何者对我们有益的人们所强加于我们的计划框架。然而，对于那些被人任命和自我任命来作为我们上级的人们之肤浅无能以及今天存在着的种种危险，我们科学界的群众不负丝毫责任。正是有钱有势的人们要求现代科学中凡与军事应用可能有关的东西都要严格地保密。这种保密的要求差不多跟一个有病的文明社会不想知道自己病情发展的情况相当。只要我们继续装聋作哑，认为世界上万事顺利，那就让我们把耳朵塞起来，以免听到"列祖列宗预言战争"①的声音。

在大多数科学工作者对待科学研究的这种新态度里，有一个远不是公众所能认识的科学上的革命。的确，负责现代科学研究的当局就没有预见到正在发生的事情的全部后果。在过去，科学研究的方向主要是由个别学者的兴趣和时代的潮流来决定的。在现在，出现了一种完全不同的尝试，要把科学研究指

① 《圣经》特别是其中的先知书有很多这样的预言，例如，旧约耶利米记第四章第十九至二十一节是："我肺腑，我肺腑，我心窍极其悲痛，我心哀肠鸣，不能静默，因为我已听见角声，听见战争呐喊，灾患的凶报络绎不绝，全地毁坏……我看见旗纛，听见角声……"——译者注

向社会安全问题，使得一切有意义的研究途径都要随着一个攻之不破的科学防垒的加固目的而尽可能地得到发展。今天的科学不再是个人的事业了，科学边界的进一步推进的结果，不仅产生了各种各样的可以供我们用来反对可能敌人的武器，而且也产生了与这些武器有关的种种危险。这也许由于下述事实所致：我们的武器，要么就恰恰是那些可以用来反对自己比反对任何敌人更为有效的东西，要么就是我们在使用像原子弹之类的武器的同时所附带产生的诸如放射性沾染之类的危险物。由于我们积极地、同时并进地寻找攻击我们的敌人和保卫我们自己的手段，科学步伐的加快便对新的研究工作产生了空前巨大的需要。例如，在第二次世界大战期间，人们集中力量在橡树岭和洛斯·阿拉莫斯[①]两地的实验室里所研究的问题就是如何去保护美国人民，不仅要使他们免于受到使用原子弹的可能敌人的袭击，而且要使他们免于受到我们新兴工业所带来的原子辐射的沾染——这是我们目前的切身问题之一。如果不发生战争，这些危险也许今后20年都碰不上。在我们目前的军事思想的框架内，这些危险的存在已经迫使我们去拟定关于敌人方面运用这些手段的新方法的种种可能的对策了。在目前，这个敌人可能是俄国，但它更多是我们自己幻想出来的海市蜃楼。为了保卫我们自己不受这个幻影的侵犯，我们必须想方设法去寻找新的科学手段，每种手段都要比过去的更加可怕。这条上天启示的巨大的螺旋线是没有终点的。

以上我们讲述了一种真正博弈式的诉讼，其中敌对双方都能使用并且是被迫使用全盘的欺骗手段，从而彼此都被迫去制定一个不免考虑到对方可能使出最优博弈的策略。举凡在法院的小规模战斗中属于正确的东西，在国际关系的殊死斗争中同样是正确的，不论它所采取的是流血的射击形式还是温和的外

---

① Oak Ridge在美国田纳西州，Los Alamos在美国新墨西哥州，两地均系美国原子弹研究的基地。——译者注

交形式。

保密、消息堵塞和欺骗，这一切技术都是为了保证自己一方能够比对方更加有效地使用通信力量和通信手段的。在这样一场使用信息的战斗中，保持自己一方的通信通路的开放和妨碍对方所支配的通信通路的利用具有同等重要的意义。为了保密而全面制定出来的策略差不多总是要涉及保密以外的许多其他事情的考虑的。

我们是处在这种人的地位上，他在生活方面仅有两种野心：一是想去发明能够溶解任何固体的万能溶剂，再是想去发明能够容纳任何液体的万能容器。不论这位发明家怎么做去，他都是白费工夫。何况，我已经讲过，任何一种秘密，当它的保护工作和人的诚实性有关时，就不可能比它的保护工作决定于科学发现自身的种种困难更为安全了。

我已经讲过，任何科学秘密的传播都只不过是时间问题；在这场博弈中，十年就是一段长时间了，而且，从长期着眼，武装我们自己和武装我们的敌人并没有什么区别。因此，每次骇人的发现只不过加强了我们的屈从性，屈从于从事新发现的需要。如果我们的领导人对于这种情况没有新的认识的话，那它就不得不一直这样地继续下去，直到我们地球上的关于智能方面的全部潜力都耗费得一无所剩，再没有任何可能对旧的和新的人种的多种多样的需要作出建设性的应用为止。这些新武器出现的结果一定要使地球上的熵增加起来，直到热与冷、善与恶、人与物质之间的一切区别消失殆尽，变成了一颗灼热的、熔炉般的新星。

我们就像一群加大拉的猪[①]一样，让当代的群鬼附身，科学战争的使人不由自主的性质正把我们驱使得晕头转向，倒栽葱

① Gadarene swine，系指被鬼附身的加大拉人央求耶稣把他们打发到猪群中去，耶稣答应了，于是这群猪突然发疯，跳到海中淹死。详见《圣经·马太福音》第八章第二十八节以下。——译者注

地掉进自我毁灭的海洋中。也许，我们可以说，在那些自以为职在指导我们和那些掌管科学新计划的绅士们当中，许多人无非是见习术士，对制造怪事的符咒神魂颠倒，以致自己完全无力收场。在他们手里，甚至新发明的广告心理学和推销员心理学也变成了促使有才能的科学家免受良心谴责的方法，变成了破坏这些科学家所树立的旨在不使自己牵连到旋涡里去的障碍物的方法了。

让这些为了个人目的而招致魔鬼谴罚的聪明人记住：在事件的自然进程中，一次出卖良心就会出卖第二次。人性的尊严可以用巧妙分配行政管理蜜饯的办法来摧毁，代之而起的乃是有权有势的长官架子，只要我们可以得到更大一块的蜜饯，这副架势就会一直保留着。这种做法总有一天要变成我们自己安全的最大的潜在威胁。到了那个时候，当另外一个强国（它可以是法西斯国家或是共产主义国家）能够提供更大的奖赏时，我们的那些一再促使我们去保护他们所让出的利益的好朋友们就要以尽快的手段促使我们屈服和灭亡的。让那些从九泉深处唤起原子战争的幽灵的人们（为了他们自己的缘故，如果不是为了我们）记住：他们一定不用等待太久的，一旦我们的敌人取得成功的第一刹那到来时，就会把那些已经堕落了的人们置之于死地！

墨西哥国立心脏学研究所的罗森勃吕特（Arturo Rosenblueth,1900—1970）（摄于1945年）。维纳曾与他共同讨论过控制论方面的许多问题。

1947年维纳的划时代著作《控制论》在墨西哥国立心脏研究所定稿，次年由美国技术出版社和约翰·威利父子公司联合出版发行。此书为控制论的创立奠定了理论基础，宣告了这门新学科的诞生。

麦克斯韦（John Clerk Maxwell，1831—1879）。1947年,维纳用“cybernetics”这个词来命名自己创立的这门新兴的边缘科学。这个命名有两个用意：一方面想借此纪念麦克斯韦1868年发表《论调速器》一文，因为“governor”（调速器）一词是从希腊文“掌舵人”一词讹传而来的；另一方面船舶上的操舵机的确是早期反馈机构的一种通用的形式。

莱布尼兹（Gottfried Wilhelm Leibniz，1646—1716）。1960年，在莫斯科举行国际自动控制联合（IFAC）第一届世界代表大会时，有人问维纳：“创立控制论时，是否受过某些哲学思想的影响？”维纳回答说：“在哲学家中有一个人，如果他活到今天，毫无疑问，他将研究控制论。这个人就是莱布尼兹。”

冯·诺伊曼（John von Neumann，1903—1957）

布什（Vannevar Bush，1890—1974）

参与控制论创立工作的有一大批计算机和信息科学的开拓者，如冯·诺伊曼、布什、毕格罗、麦卡洛克、皮兹等。

毕格罗（Julian Bigelow，1913—2003）

麦卡洛克（Warren McCulloch，1898—1969）

皮兹（Walter Pitts，1923—1969）

>>> 始建于1888年的塘沽火车站旧址。1935年，维纳一家在日本访问两周后，乘一艘小轮船到达塘沽港。维纳对中国的第一印象就是“惊讶地看到岸上的中国挑夫比日本人高得多”。随后，在前来迎接的李郁荣的陪同下，维纳从塘沽火车站登上了前往北平的火车。

>>> 在清华大学电机系的李郁荣和顾毓琇的积极推荐下，1935年2月14日，校长梅贻琦向维纳发出了正式邀请电。1935年8月15日，维纳携夫人和两个女儿到达清华大学，学校正式聘请维纳担任数学系教授和电机系教授，为两系高年级学生和教师开设傅立叶级数和傅立叶积分，以及数学专题讲座。

︿︿ 李郁荣，广东新会人，1904年生于澳门，1924—1930年在麻省理工学院电机工程系求学。经其博士导师布什介绍，结识了数学系教授维纳并开展合作研究，设计发明出新的电网络装置，即李-维纳网络（Lee-Wiener Network），并获得美国专利。在这个过程中，他们两人建立了深厚的友谊。在清华大学，李郁荣和维纳继续合作，发明了新式继电器，为以后的控制论打下了基础。

︿︿ 顾毓琇夫妇参加麻省理工学院校庆。顾毓琇是第一位获得该校博士学位的中国人。1932—1937年，顾毓琇任清华大学工学院院长兼电机系主任。1934年发起成立中国电机工程师学会。

《《 1936年清华大学电机系教师合影。前排左起：赵友民、李郁荣、顾毓琇、维纳、任之恭、章名涛；后排左起：张思侯、范崇武、沈尚贤、徐范、娄尔康、朱曾赏、严晙。

》》 1964年8月麻省理工学院出版社出版的维纳的自传《昔日神童》和《我是一个数学家》。这两本自传分别于1953年和1956年初版。维纳在《我是一个数学家》中自述，他宁愿选择在清华大学任客座教授的1935年作为创立控制论的起点。他在清华大学与李郁荣合作研制滤波器时，开始了对控制论的研究。正是在清华大学，维纳实现了从纯数学领域向电机工程和技术科学的转变。

︿︿ 李郁荣和维斯纳（Jerome Bert Wiesner，1915—1994）、维纳在讨论第一个电子相关器。

︿︿ 20世纪50年代，李郁荣和博丝（Amar Bose，1929— ）邀请维纳作了系列演讲。

《《 美国通信理论的数学问题夏季会议（前排左四为李郁荣，左五为维纳）

》》 维纳一家在清华安居下来之初，数学系主任熊庆来（图）和夫人邀请数学系全体人员到颐和园野餐，熊夫人准备的中国式精美小吃给维纳留下了深刻的印象。后来他们又应邀到熊家作客，在那儿欣赏到了许多灵巧传神的鱼、虾、蟹等水生小动物的中国画；维纳很喜爱中国菜肴，但熊家那二三十道菜却使他觉得过于丰盛。

《《 20世纪60年代，赵元任夫妇在美国坎布里奇。赵元任与维纳很早就相识，并经常来往切磋。维纳告别清华回国时，还特地到南京拜访老朋友赵元任。赵元任能敏感地接受新的科学理论，并且很快将这些新理论应用到他所致力的语言学中。比如他很快就接受控制论、信息论的观点，并将信息科学理论导入语言学，并且不是生硬地照搬而是创造性地运用。

》》 维纳在清华工作期间，对华罗庚（图）作了具体深入的学术指导。在维纳的支持和推荐下，华罗庚有机会直接在哈代等人的指点下钻研，接触到剑桥学派的最新成果。在华罗庚的学术生涯中，这无疑是与进入清华同样关键的一次机遇。

》》 民国时期的人力车夫。维纳在清华时有时坐人力车进城。头一次进城时，一群车夫蜂拥而上，挣着要拉维纳夫妇，险些把维纳的衣服撕碎。回去之后，李郁荣帮他出了个主意：他和夫人玛格丽特每人选定一个车夫，此后，他们再也没遇到什么麻烦，而且车夫相当卖力。维纳夫妇和两个车夫相处得很好。每次在城里吃完饭，玛格丽特总是把剩下的饭菜送给自己的车夫，而维纳的车夫是回民，不能吃非穆斯林的食品，维纳就另外付些钱给他买午饭。玛格丽特的车夫和其他车夫打架，弄伤了眼睛，玛格丽特又特地送给他一笔钱养伤和糊口。当维纳夫妇离开北平时，这位车夫送了中国帽子给他们的两个孩子，维纳的车夫则送了一听高级茉莉花茶。

《《 1926年的玛格丽特（Marguerite Engemann），当年她与维纳结婚。

《《 维纳对北平的印象是“北平是一个具有悠久艺术和文化传统的古都。这座城市既富有魅力，又肮脏贫穷。沿着高低不平的胡同走去是很有趣的，它看起来好像从一个贫民窟通到另一个贫民窟，但是那里朱红色的月洞门常常通到一个小巧玲珑的小天地，一个个风雅优美的亭台楼阁围着庭园和花园”。

维纳能摆脱“反动分子”、“伪科学家”的形象，而以胜利者的姿态去莫斯科出席1960年召开的IFAC第一届世界代表大会，应归功于工程控制论的创始人钱学森。维纳的《控制论》发表后，在哲学界曾引起轩然大波。此书的副标题是“关于在动物和机器中的控制和通信的科学”。人也是动物，把人和机器并列，以至于等同起来，有亵渎人类尊严之嫌，惹怒了不少哲学家，就像哥白尼把地球从宇宙的中心搬到太阳系的一个角落而触怒了教皇一样。苏联的哲学界首先发起攻击，称控制论是一种反动的伪科学，是现代机械论的一种新形式。还有更严重的批评说，控制论是为帝国主义服务的战争工具等。这位数学家在苏联和东欧被视为反动的伪科学家和帝国主义的帮凶。

北京航空航天大学校园内的钱学森塑像。

1954年，钱学森出版了《工程控制论》，迅速地被译成俄、德文版。作者系统地揭示了控制论对自动化、航空、航天、电子、通信等科学技术的意义和深远影响。书内未触及到人类这种动物的尊严，写的全是技术科学。包括苏联在内的世界各国科学界立即接受了这一新学科，从而吸引了大批数学家、工程技术学家从事控制论的研究，推动了20世纪五六十年代该学科发展的高潮。在这种形势下，原持批判态度的哲学家们只好放下武器，悄悄修改了各辞书中的词条，肯定控制论是一门“研究信息和控制一般规律的新兴科学”。

1960年，维纳在苏联参加IFAC第一届世界代表大会。

H. S. TSIEN
ENGINEERING CYBERNETICS
McGraw-Hill Publishing Company Ltd.
New York London Toronto

内容簡介

工程控制論
錢學森著
戴汝爲 何善堉譯

科學出版社出版
科學出版社上海印刷廠印刷 新華書店總經售

定價：(10)2.20元

1958年由科学出版社出版的《工程控制论》的封面和版权页。本书是戴汝为和何善堉根据1954年的英文原版，并参考钱学森1956年春季在中国科学院力学研究所讲授的工程控制论的笔记翻译而成。

1950 年由Houghton–Mifflin首版的《人有人的用处》。

1988年由DA CAPO PRESS出版的英文版。

1978年汉译本首版封面。

本书译者陈步。

第八章

知识分子和科学家的作用

· Ⅷ *Role of the Intellectual and the Scientist* ·

我坚决主张：我们不仅要反对现代世界中由于通信工具的种种困难而产生的宰割思想独创性的现象（如我已经做过的），而且更要反对已经把独创性连根砍除的那把斧头，因为选定通信作为自己晋身之阶的人们常常就是除通信之外一无所知的人们。

MASSACHVSETTS INSTITVTE OF

本书论证了内部通信通路的完整性乃是社会福利不可或缺的条件。这种内部通信不仅目前经常地碰到自古以来就已存在的种种威胁，而且经常地碰到为我们这个时代所特有的某些特殊严重的新问题。这些问题之一就是通信的复杂性日益增加和它的费用日益昂贵。

150 年前，甚至是 50 年前——这是无关宏要的——世界上，特别是美国，充满了种种小型报刊和出版物，几乎任何人都可以利用它们作为讲坛。在那个时候，地方编辑不像现在那样地仅限于报道千篇一律的说教和地方上的流言飞语，而是可以发表而且经常发表他个人意见的；他的意见不仅限于地方事务，而且谈到了世界上的种种问题。现在，由于印刷、纸张和辛迪加的费用日益昂贵，这种自我表现的自由已经变成这样一种的奢侈品，以致新闻事业终于成为一字千金的艺术了。

就每一观众每看一场电影的费用来说，电影也许是最最便宜的，但合起来一算，它贵得如此惊人，以致难得有什么电影值得大家冒险一观，除非它们的成功是事先肯定了的。制片公司所关心的问题不在于一部电影是否能够引起大批观众的浓厚兴趣，而在于如何不使为数极少的人感到不称心，从而他可以指望把片子畅销无阻地卖给各个电影院。

以上我所讲的关于报刊和电影方面的情况，同样适用于无线电和电视，甚至也适用于书籍的销售。因此，我们是生活在这样的时代里，按人分配的巨大的通信量和不断缩小的总的通信量相冲突。我们越来越不得不去接受那些标准化的、不痛不痒的和没有内容的产品，就像面包房的白面包一样，与其说它是为了食用价值而烤制的，不如说它是为了便于保存和出售等特性而烤制的。

◀麻省理工学院晶体物理和电子陶瓷实验室

这种情况基本上是现代通信外在的不利条件，但是，还有一个从内部腐蚀它的不利条件同时存在着。这一不利条件是一种癌症，它使创造性受到限制和减弱。

在过去，愿意献身于艺术创作的青年，既可以径直埋头于创作之中，也可以通过一般的学校教育为自己做好准备，这种教育也许和他最后承担起来的专业无关，但至少是他的各种才能和鉴赏力的严格锻炼。现在呢，学习的道路大大地被堵塞起来了。我们的中、小学校比较重视的是形式化的课堂教育，而非真正学到某种东西的智力训练；它们把一门科学课程或文学课程所需的许多艰苦的准备工作都推到大专院校里去了。

与此同时，好莱坞也发现到了其产品的标准化正是有才能的演员在话剧舞台上自然流露其演技的障碍。经常换演不同剧本的剧场差不多都停业了，其中有些变成了好莱坞演技的训练班，但即使是这一部分的剧场也在慢慢地枯萎而死。我们年轻的、自称自许的演员在相当大的程度上都是受过职业训练的，但这不是在舞台上学到的，却是在大学的演技课中学到的。在同辛迪加的作品竞争中，我们年轻的作家是很难坚持下去的，如果他们的第一次尝试没有成功，那他们就会走投无路，除非跑到大学里去，据说那里可以教他们如何写作。因此，一向作为科学专家的活动基础的较高学位，特别是高于一切的哲学博士学位，就愈来愈成为一切领域中的智力训练的模型了。

老实说，艺术家、文学家和科学家之所以创作，应当是受到这样一种不可抗拒的冲动所驱使：即使他们的工作没有报酬，他们也愿意付出代价来取得从事这项工作的机会的。但是，我们是处在教育形式大大排挤掉教育内容的时代里，是处在教育内容正趋于日益淡薄的时代里。人们现在在取得较高学位和寻求一项可以看做文化方面的职业时，也许更多着眼于社会名气，而非着眼于任何深刻的创造冲动。

考虑到有这么一大批供应市场的半瓶醋，要给他们物色表面上冠冕堂皇的题材去做研究，就变成了迫不及待的问题了。

按理讲，他们应当自己给自己找题材的，但是，现代高等教育这一巨大企业处在这样一种要求不高的气氛下面是无法帮助他们做到这一点的。因此，不论是艺术方面的或是科学方面的创造性工作，本来开头都应受到创造出某种新东西并公之于世的这种伟大愿望的支配的，现在却被追求哲学博士学位论文或类似的学徒式的手段这类形式方面的需要所代替了。

我的一些朋友甚至断言：哲学博士学位论文应该是一个人科研工作中已经做到或终将要做到的最伟大的工作之一，这项工作应该等到他能够全面阐述自己毕生的工作时才去写它。我不同意这个看法。我只是认为：学位论文即使事实上不是一项如此艰巨的工作，那至少应当有意识地把它作为进行积极创造的门径。天晓得还有多少要去解决的问题，还有多少要写出的书和多少要谱出的音乐呀！可是，在完成这些创作的道路上，几乎到处都是堆放着马马虎虎完成的工作，其中只有极少数是例外，十有八九都是缺乏不得不做的理由的。如果一位青年只是为了追求小说家的名气，而非有话要说，那他写出的第一部小说实在要令人作呕！我们同样受不了那些正确、雅致但没有血肉或灵魂的数学论文。我们尤其受不了那种绅士架子，因为它不仅给这些内容贫乏而且是马马虎虎完成的工作开辟了存在的可能性，而且采取了卑怯的狂妄态度，公开反对随时随地可能出现的在精力方面和思想方面的竞赛。

换言之，当存在着不需要通信的通信，这种通信之所以存在只是为了使某人取得通信传道师的社会声望和知识声望时，那么，消息的质量及其通信价值就会像秤锤那样笔直地降下来了。这就好比一部按照歌尔伯格(Goldberg)的观点而制造出来的机器一样，它只是为了证明我们所不希望达到的种种目的可以用一部显然完全不适于达到这些目的的机器来表示，除此以外，别无其他用途。在艺术之中，追求新事物以及寻找表现它们的新方法这个愿望乃是一切生活和乐趣的源泉。然而，我们每天都会碰到一些事例，譬如说，在绘画方面，画家总是把自己牢牢拴在抽象艺术的新手法上面，显得无意使用这些新手法来表现有趣而新颖的形式美，无意使用这些新手法去进行艰苦的斗争以反对庸俗和陈腐的倾向。并非艺术方面的一切墨守成规者都是经院的艺术家。墨守成规者也有其祖师爷的。任何一个学派都不能垄断美。美，就像秩序一样，会在这个世界上的许多地方出现，但它只是局部的和暂时的战斗，用以反对熵增加的尼亚加拉[1]。

我在这里是带着比较强烈的激动说出这番话的，我主要是为我们这些科学中的艺术家而非为通常所讲的艺术家感到激动，因为我首先要讲的乃是科学中所存在的问题。我们的大学偏爱与独创精神相反的模仿性，偏爱庸俗、肤浅、可以大量复制而非新生有力的东西，偏爱无益的精确性、眼光短浅与方法的局限性而非普遍存在而又到处可以看到的新颖和优美——这都使我有时感到愤怒，也常常使我感到失望和悲伤。除此以外，我坚决主张：我们不仅要反对现代世界中由于通信工具的种种困难而产生的宰割思想独创性的现象（如我已经做过的），而且更要反对已经把独创性连根砍除的那把斧头，因为选定通信作为自己晋身之阶的人们常常就是除通信之外一无所知的人们。

① Niagara，美国东北部大瀑布名。——译者注

第九章

第一次工业革命和第二次工业革命

· Ⅸ *The First and the Second Industrial Revolution* ·

本章将讨论人和机器的通信特点之间的相互冲击，也将试图确定机器的未来发展方向以及由此而给人类社会带来的影响。

第九章　第一次工业革命和第二次工业革命

本书前面几章主要研究了人作为通信机体的问题。但是，如我们已经看到的，机器也可以是一种通信机体。本章将讨论人和机器的通信特点之间的相互冲击，也将试图确定机器的未来发展方向以及由此而给人类社会带来的影响。

在历史上，机器曾经一度冲击过人类的文化并给它带来了极大的影响。机器对人类文化的这次冲击称为工业革命，当时所涉及的机器都是作为人肌的代替物的。为了研究我们将称之为第二次工业革命的目前危机，让我们讨论一下上次危机的历史，把它作为某种可资借鉴之物，也许是明智的。

第一次工业革命根源于18世纪知识方面的动荡，当时，牛顿和惠更斯的科学方法已经很发达了，但其应用范围还很难超出天文学领域。不过，在那时候，所有进步的科学家都已经认识到，这些新技术就是其他部门科学将要发生深刻变化的信号。最早受到牛顿精神影响的就是航海术和钟表制造术这两个领域。

航海术是自古以来就有的一种技术，但是，直到18世纪30年代止，它始终存在着一个显著的弱点。测定纬度的问题一向是简便易行的，甚至在古希腊时代就有了。这只是一个测定天极高度的问题。把北极星当做实际的天极，就能大致定出这个高度，如果进一步算出北极星视圆周的中心位置，那就能够很精确地定出纬度了。与此相反，测定经度问题一向是比较困难的。由于当时没有大地测量法，这个问题就只能通过地方时与某一标准时（如格林尼治时间）作比较的方法来解决。为此，航行时就必须携带按照格林尼治时间校准了的钟表，或者必须找到太阳以外的某一天体作为钟表来代替它。

在航海实践家还没有采用这两种办法的时候，航海术是受

◀康奈尔大学Cayuga湖

到很大限制的。通常，他沿着海岸航行，直到他到达他所要到达的纬度为止。然后他再开辟一条平行于纬线的向东或向西的航线，直到他遇见陆地为止。除了近似地估计航程外，他无法说明他已经沿着航线走了多远，然而，这个问题是极为重要的，因为他不应该不知道海船是否靠向危险的海岸。在接近陆地的时候，船要沿岸航行，直到抵达预定的地方。可以看出，在这些情况下，每次航行都得冒着极大的危险。但虽然如此，它却是许多世纪的航海模式。哥伦布的航线，银舰队的航线以及阿卡普尔科大帆船[①]的航线都是这样开辟出来的。

这个行动缓慢而又充满危险的航行办法是18世纪各国的海军部所不能感到满意的。首先，英、法两国的海外利益，和西班牙的海外利益不同，它们都分布在高纬度地区，对此，显而易见，大圈直航要比起沿纬度作东西航行优越。其次，这两个北方强国存在着争夺海上霸权的激烈竞争，因而航海术的优势具有重要的意义。这就无怪乎两国政府都用巨金悬赏的办法来征求测定经度的准确方法了。

争夺这些奖金的历史是复杂的，没有什么教益的。不少有才能的人被剥夺了应得的胜利，弄得倾家荡产。最后，两国都把奖金奖给两种完全不同的成就。一是准确的航海钟表的设计，这是一种造得很好、走得很准的时钟，能在船只遭到不断的剧烈震动的航行中准确地报告时间，误差不过几秒。另一是关于月球运动的精密数表的编造，这使得航海家能够把它当做时钟，以之核对太阳的视动。这两种方法一直支配着整个的航海学，直到最近发明了无线电技术和雷达技术的时候为止。

因此，在工业革命中，工匠的先锋队包含着两类人物，一是钟表工，他们用牛顿的新数学设计出钟摆和摆轮，另一是制造光学仪器的工匠，他们造出六分仪和望远镜来。这两个行业有很

① Acapulco galleons，指往来于墨西哥盖雷罗（Guerraro）州阿卡普尔科港口的大帆船。——译者注

多共同点。他们都要制造出准确的圆和准确的直线，并把它们分度或分时。他们的工具是镟床和分度机。这些做精密工作的机械工具便是我们现在机械制造工业的先驱。

值得回想的是：每种工具都有自己的家谱，它是制造它的那些工具的后裔。通过一根十分清楚的由中介工具组成的历史链条，18世纪钟表工匠的镟床才产生了今天的巨大的回转镟床。也许，这根链条可以缩短，省略掉某些不必要的阶段，但它一定得有一个最小的长度。在制造一部巨大的回转镟床时，显然我们不能用人手来浇铸金属，用人手把铸件放到机器上加工，更不用说用人手作为对它们进行机械加工时所需的动力了。这些工作都必须通过机器来做，而这些机器又得从其他机器造出来。只有通过这许多阶段，人们才能回溯到18世纪的原始的手摇或脚踏的镟床。

因此，那些要去做出新发明的人，如果他们不是钟表工，那就是科学仪器的制造工，或者是请这些行业的工匠来帮助他的人，这事十分自然。举例说，瓦特就是一位科学仪器制造工。但即使是一个像瓦特这样的人，在他能够把钟表制造技术的精密性应用到更大一些的事业上面之前，他也不能不等待时机成熟。为了证明这一点，我们一定记得，如我前面讲过的，瓦特认为一个活塞之适合于某一汽缸的标准就是要看二者之间能否刚好塞进一个薄薄的六便士铜币。

因此，我们一定得把航海术及其所需的仪器看做全面工业革命发生之前的工业革命的导火线。全面的工业革命是从蒸汽机发明的时候开始的。蒸汽机的第一个形式是简陋而不经济的纽可门机，供矿井抽水之用。18世纪中叶，有人企图用蒸汽机来产生动力，但是失败了，他们的办法是用蒸汽机把水汲到位在高处的蓄水池里，然后利用水的下降来推动水轮。在人们采用了完善的瓦特机之后，这种笨拙的装置就废弃不用了，而瓦特机一下子就被工厂用于种种目的，就像它们之用于矿井的抽水一样。18世纪末，工业中已经普遍采用了蒸汽机，江河上的汽船和陆地上的蒸汽牵引机车的出现也是指日可待的事情了。

首先采用蒸汽机的地方就是用它来代替人力或畜力劳动形式最为残酷的地方：把水抽出矿井。在最好的情况下，这项工作是由牲畜来做的，即用马来推动简陋的机器。在最坏的情况下，例如新西班牙的银矿，这项工作是靠奴隶劳动来完成。只要矿井不倒塌，这项工作就没完没了，而且中间不能停顿下来。现在利用蒸汽机来代替这种奴隶劳动当然应该看做人道主义的一大进步。

但是，奴隶不单是做着矿井抽水的工作的。他们还要牵引满载货物的船只逆流而上。蒸汽机的第二个伟大胜利就是汽船的发明，特别是内河汽船的发明。至于在海上，蒸汽机有多年时间都只作为海船风帆的附加物，其价值颇为可疑；然而，正是由于密西西比河上的运输利用了蒸汽机，这才开拓了美国的腹地。和汽船一样，作为运输笨重货物的工具，蒸汽机车也开始出现在今天正在淘汰这种工具的地方了。

工业革命出现的第二个地方就是纺织工业，这个领域之发生革命也许比繁重的矿工劳动晚一些，但与运输业的革命是同时进行的。那时候的纺织工业已经毛病百出了。即使是在发明机械纺锤和机械织机之前，纺织工人的工作条件就已经有很多地方需要改进了。他们所能完成的产量大大落后于当时的需求。因此，本来很难设想机械化会使纺织工人的劳动条件变得更坏，然而机械化的的确确使他们的劳动条件变得更坏了。

纺织机器发展的开端可以回溯到蒸汽机出现的时代。以手工操作的针织架从伊丽莎白女皇的时代起就已经有了。为了给手织机提经线，纺机第一次变成必要的东西。直到 19 世纪初叶，纺织工业才实现了全盘机械化，包括纺和织两个方面。最初的纺织机是用手工操作的，但很快就用上了马力和水力。和纽可门机不同，促使瓦特机发展起来的部分原因就是想给纺织工业提供使机器得以转动的动力的。

纺织工业几乎为工业机械化的全部过程提供了一个模型。

在社会方面，纺织工业的机械化使工人开始了从家里转到厂里并从乡村转到城市的过渡。当时对童工和女工的劳动剥削，其剥削形式如此之残酷，假如我们忘记了南非的钻石矿，也不了解中国和印度的新工业化以及几乎是每个国家中的种植园的劳工的一般处境的话，那是我们今天所无法想象的。这种情况的发生主要是由于下述事实所致：新技术给人带来了新责任，然而当时又没有法令规章对之进行监督。但是，其中有一项情况，其技术意义更大于道德意义。关于这一点，我指的是，工业革命初期的许多灾难性的后果和形势并不都是由于当时有关人们缺乏道德感或从事不法行为所致，而是来自若干技术方面的特征，这些特征是工业化初期手段中所避免不了的，它们是在技术发展的以后历史中才或多或少地消失掉。决定工业革命初期的技术发展方向的这些特征就存在于早期蒸汽动力及其输送方法的本质之中。用现代标准看，蒸汽机所用的燃料是非常不经济的，但如果考虑到当时还没有更新型的蒸汽机同它们竞争这个事实的话，这个问题就不是那么重要了。但是，就以这种蒸汽机而言，大规模使用也要比小规模使用经济得多。和原动机作比较，纺织机器（不论是织布机或纺纱机）都是轻型的机器，消耗动力不多。因此，为了经济的目的，就有必要把这些机器集中在一个大工厂里，用一部蒸汽机来带动许多织布机和纺锤。

那时候，输送动力的唯一有效工具就是机械工具。其中最早使用的一种工具就是附有联动皮带和滑轮的传送轴系统。甚至在我童年这样晚近的时候，工厂的典型面貌还是一个大棚子的模样，有长长的传送轴吊在横梁上，用皮带把滑轮和各台机器联结起来。这类工厂现在还有，虽然在很多场合下它们已经被现代化的企业所取代了，在后一种的企业里，机器是各自用电力来驱动的。

事实上，第二种图景在目前是典型的。机工行业已经完全改头换面了。这是一个重要的事实，它关系到了整个发明史。正是这些机工和机器时代的其他新行业中做出种种发明的工匠为我们的专利制度奠定了基础。事实上，机器之间的机械联结涉及了种种极为严重的困难，而这些困难并非容易地用一个简单的数学公式就能方便地做出概括的。首先，长轴系如果不是很好地一行一行地装配起来，那就得使用简单的联结方式（例如，用万向联结或平行联结）以保证工作具有某一程度的方便。其次，为了支撑这些传送轴的长轴承，消耗的动力非常之大。在一台机器中，转动部分和进退部分都得服从于同样的要求，即要求有相同的稳固性；这些部分又同样服从于尽量减少轴承数目的要求，以便降低动力的消耗并且求得生产的简化。这些要求不是容易按照一般公式办到的，这就给了旧式工匠的发明才能和革新技巧提供了大好时机。

正是由于这一事实，所以工程技术之从机械联结改变为电联结时才会产生如此巨大的影响。电动机所提供的动力分配方式极便于我们去制造供每台机器自用的小型发动机。工厂电路的输送损耗是比较低的，电动机的效率是比较高的。电动机与其线路的联结不一定要固定起来，也不一定要由许多部件组成。目前，由于考虑到运输和设备的方便起见，可能使我们不得不仍然像往常那样把某项工业过程中的不同机器集中在一个工厂里；但是，把所有机器都联结到单个动力来源的必要性已经不再是地点集中的重要理由了。换句话说，我们现在所处的情势就是回到农舍式的工业（cottage industry），可以随便在什么地方把它建立起来。

我不想坚持说，机械输送的必要性就是那些库房似的工厂以及由此造成道德败坏的唯一原因。事实上，工厂制度的建立是先于机器制度的建立的，其目的是在个体工人的毫无纪律的家庭工业中建立起纪律，从而使产品保持一定的标准。诚然，这些非机械化的工厂很快地就被机械化的工厂所取代了，而城市人口的锐增和农村人口的锐减这些不良的社会后果也许就是工厂机械化所致。进一步说，即使我们一开始就有小马力的发动机，即使这种发动机也能使家庭工人的生产力有所增加，那也很难断定在那些诸如纺织业之类的家庭工业中能够建立大规模生产所需的组织和纪律的。

如果我们希望这样地进行生产，那么，一台机器就可以装上几部发动机，每部发动机专给特定的部件输送动力。这就减轻了设计师的许多负担，不必去发明那些他在相反的情况下就不得不去发明的机械设计了。在电机的设计中，如果单是考虑各部分的连结问题，那就不会发生太大的、难于使用简单的数学式和数学解进行处理的困难了。输送系统的发明家现在已被电路计算师所取代了。这就是一个例子说明发明的艺术如何取决于当时的实际条件。

在19世纪50年代到70年代期间，当工业中初次使用电动机时，人们起初认为：它无非是另一种能使当时的工业技术发挥作用的装置罢了。当时可能没有预见到，它的最后结果会出现一个关于工厂的新概念的。

除了电动机外，另一个伟大的电学发明就是真空管，它也有一段类似的历史。在真空管发明以前，我们需要用许多分立机构来调节大功率的系统的。事实上，大多数的调节机构本身就需要相当大的功率。也有个别情况例外，但只存在于特殊领域中，例如船舶的驾驭。

在1915年这样晚近的年代，我搭乘过一艘旧式的美国轮船横渡大西洋。这是一艘过渡时期的轮船，还带着帆，尖尖的船头上树立着斜桅。在上部主结构靠近船尾不远的甲板上，安装着一部庞大的机器，它由四五个直径六英尺的带有把手的轮子组成。这些轮子是准备在自动舵机发生故障的时候用来操纵轮船的。遇到暴风雨时，就得有十几个人使出全部力气才能使这艘大船保持其航向。

这不是常用的驾驭船只的方法，而是紧急情况下的代替物．或者如水手们所说的，叫做“后备舵轮”。在正常驾驭的情况下，船上有一部舵机，它可以把舵手掌舵时所用的较小的力量转变为又大又重的舵的运动。因此，即使仅仅根据纯粹机械的方法，人们在解决力或转矩的放大问题上也是有过若干进步的。但虽然如此，放大问题的这种解决在那个时候是不能做到输入量和输出量之间保持着非常巨大的差别的，而且它也没有体现为灵巧的通用类型的仪器。

把小功率放大为大功率的最灵巧的通用仪器就是真空管或电子管。它的历史很有意思，但这里讨论起来就太费篇幅了。然而，回忆一下这个事实是有趣的：电子管是爱迪生的最伟大的科学发现，也许又是他的唯一的没有列为发明物的科学发现。

爱迪生注意到，如果把一个电极放在电灯里并使它对灯丝有正电位，则当灯丝灼热时，电极和灯丝之间有电流通过，反之则无。以后经过别人的一连串发明，这一发现便导致一种用小电压控制强电流的方法，比过去任何一种方法更为有效。这个方法是现代无线电工业的基础，但电子管也是工业方面在许多新部门中都得到了广泛应用的一种工具。因此，控制大功率的过程就不再需要使用那种其中重要的控制部件也需要用同样大的功率才能工作的机械了。我们完全有可能做出一定的行为模式，使其所需功率很低，甚至远低于通常无线电装置中的那些行为模式所需的功率，然后再用上一系列放大管，通过这样的仪器去控制一台重型机器，例如，去控制一座轧钢机。为了实现这种控制而要进行的鉴别和形成行为模式的工作是在下列条件下完成的：功率的消耗微不足道，然而这种鉴别过程的最后应用可以达到任意高的功率级。

看得出，这个发明可以使工业条件发生根本性的变化，其重要性不下于利用小型电马达来输送和分配能量。行为模式的研究工作交给控制仪器的特定部分去做，其中关于能量节约的问题是微不足道的。因此，从前那些用来保证机械联结系统由尽可能少的元件组成的巧妙设计和装置以及那些用来保证减少摩擦力和运动损耗的装置现在大部分都失去价值了。需要使用上述部件的那些机器的设计工作已经从熟练的工场工人手里转到实验室的科学研究人员手里了；后者在这个方面拥有各种有效的理论，用不着像过去那样在机械方面力求花样翻新。过去意义的发明已被某些自然律的利用所排挤掉了。自然律及其利用之间的距离已经成百倍地缩短了。

我在前面说过，当一个发明提出来以后，一般要经过相当长的时间，人们才能了解它的全部意义的。飞机的发明对国际关系和人类生活条件的全部影响是经过很长时间以后才被人们所了解的。原子能对人类及其未来的影响还有待于估计，虽然有许多观察家坚决主张它和一切旧武器一样，只不过是一种新武器而已。

真空管的情况也是这样，起初大家只把它看成是提高原有电话通信技术的一种辅助工具。电气工程师在开头的时候对它的真正价值是如此之不了解，以致他们在很长的时间里只把它当做通信网络中的一种特殊部件。这个部件是用来和其他限于传统的所谓惰性的电路元件——电阻、电容和电感相联结。到了大战的时候，工程师才开始放手使用真空管，哪儿需要就在哪儿接上，就像他们过去使用上述三种惰性元件一样。

真空管最初是用作长途电话线路和无线电报中已有构件的代用品的。但是，不久之后，当无线电话已经发展到无线电报的水平而无线电广播也变成可以实现的东西时，人们对它的用途就明白过来了。这一发明思想的伟大胜利目前主要是为“肥皂歌剧”和低级庸俗的歌唱家服务，然而，我们不应当被这个事实蒙住了眼睛，而看不到人们在从事这项发明的过程中所做过的卓越的工作，看不到它在传播文化方面的巨大可能性，尽管这些可能性已被滥用作全国药品的展览橱窗了。

真空管虽然已经在通信工业中初试身手，但是，通信工业这个部门的界限和范围长期没有得到人们的充分理解。真空管及其姊妹发明——光电管，过去一直是零零碎碎地被用来检验工业产品的；举例说，用来调节造纸机生产出来的纸张的厚度，或者用来检查菠萝罐头中的菠萝颜色等。这些应用迄今还没有形成一种合理的新技术，而工程师的头脑里也没有把真空管同它的另一功能即通信的功能联系起来。

这一切在战争中都变了。我们从这次大战中得到的少数收获之一就是发明事业在客观需要和经费不限的刺激下得到了迅速的发展，特别是，工业研究部门增添了新生力量。在战争初期，我们最大的任务就是要使英国不至于被极其严重的空袭所打败。因此，高射炮是我们战时科学研究的首批对象之一，尤其是高射炮和侦察飞机用的雷达装置或超高频电磁波装置结合在一起的研究。除去雷达自身的种种发明外，雷达技术的使用方式和原有的无线电技术的使用方式相同。因此，我们自然把雷达看做通信理论的一个分支。

除了用雷达寻找飞机外，还必须把飞机打下来。这就涉及炮火的控制问题。飞机的速度极快，因而有必要用机器来计算高射炮弹发射轨道的种种参数。还要使预测机自身具有本来是由人来执行的那些通信职能。因此，防空炮火的控制问题使新一代的工程师熟悉了针对机器而不是针对人的通信观念。在我们讨论语言的那一章中，我们已经提到了另一个领域，即自动水力发电站的领域，在那个领域里，对于一定数量的工程师说来，该观念早已熟知了。

在第二次世界大战前夕，人们又发现了真空管的其他用途，这些用途都和机器直接有关，而与人力无关。其中应用最广泛的就在计算机方面。在计算机中，像布什(Bush)所发展的关于大型计算机的概念本来是纯机械性质的。积分是用滚动的圆盘来做，它们以摩擦的方式相接；圆盘之间的输出和输入的交换是用一系列老式的轴和齿轮来完成。

这些早期计算机的观念，就其来源而言，要比布什的工作早得多。在某些方面，它可以追溯到19世纪初期伯贝奇(Babbage)的工作。伯贝奇已经有了惊人的现代计算机的观念了，但他所能使用的仅是机械方法，这就远不能满足他的野心了。他所遇到的而且无法克服的第一个困难就在于：长系列齿轮运动时要求有相当大的动力，因此，输出的力和转矩很快地就变得太小了,以致不能推动机器的其他部分。布什也看到这个困难,并且用了一个很巧妙的方法来克服它。除了真空管和类似装置所制成的电放大器外,还有若干机械的转矩放大器,例如大家在船上卸货时常常看到这类放大器。码头上的装卸工人把货物吊在起重机的吊梁或绞车的鼓轮上就能把货物举起来。使用这个方法,装卸工人所用的机械力量便按照一定的比例系数来放大,这个系数是随着吊索和鼓轮之间的接触角的增大而迅速增大的。所以,一个人就能够把许多吨的货物举起来。

这种装置基本上是力放大器或转矩放大器。布什借助一种巧妙的设计把这些机械放大器加进计算机的各个阶段,从而便能有成效地完成那种对于伯贝奇只能是梦想的工作。

在布什工作的初期,当工厂里还没有任何高速自动控制装置的时候,我就对偏微分方程的问题产生兴趣了。布什工作所涉及的是常微分方程,其中自变量是时间,机器是在时间过程中模拟着它所分析的那个现象的过程,虽然模拟的速度不尽相同。在偏微分方程中,代替时间变量的是一些在空间中变化的量。我曾经向布什提过建议,由于电视扫描技术当时正在迅速发展,我们自己就必须去考虑这一技术,用它来描绘多变量,譬如说,用来描绘和单变量时间不同的空间变量。这样设计出来的计算机必须工作得极快,因此,在我的思想里,机械过程就无法考虑了,这就迫使我们仍旧要去考虑电子过程。此外,在这种机器中,全部数据都必须以一种可以同机器的其他动作相称的速度写出、读出或揩掉。除了包括一套算术机构外,这种机器还必须包括一套逻辑机构,要能够在纯逻辑和自动化的基础上解决程序设计问题。在工厂中,人们已经从泰勒(Taylor)和吉尔布勒斯(Gilbreths)关于工时标定的工作熟悉了程序设计的观念了,而这种观念转用到机器上去的时机亦已成熟。这个问题解决起来在细节上有相当大的困难,但在原则上,困难不是很大的。因此,我早在1940年就相信自动化工厂的建立已经在望,并且把这点告诉了布什。在本书初版出版的前后,自动化发展起来了,这使我相信我的判断是对的，使我相信这一发展必将是决定未来社会生活和技术生活的巨大因素之一，是第二次工业革命的导火线。

在布什微分分析器的种种早期形式中，有过一种分析器，它执行着所有重要的放大功能。电的使用只是为了把能量输送给发动机以发动整个机器。这种状态的计算机是中介性质和过渡性质的计算机。人们很快就弄清楚了，用电线而不用枢轴联结起来的电放大器要比机械放大器和机械联结省钱得多，也灵活得多。因此，后来形式的布什机器都采用了真空管装置。这些装置随后又应用到一切计算机中，不论它们是今天所讲的模拟计算机（主要是借助物理量的测量来进行工作）还是数字计算机（主要是借助计数和算术运算来进行工作）。

战后，这些计算机发展得非常迅速。在大部分需要进行计算的领域中，这些计算机都显得比计算员迅速得多，也准确得多。它们的速度早就达到了这样的水平：不可能在它们运算的中途进行任何人力的干预。因此，如我们在高射炮控制仪器中看到的，这些计算机同样要求用机器能力去代替人力。机器的各部分必须使用一种适当的语言来相互交谈，除了在过程的初始阶段和最后阶段外，它们不向任何人讲话，也不听任何人的话。这又是支持大家所赞同的把通信概念推广到机器上去的论点之一。

在机器各部分之间所进行的这种谈话中，我们往往必须知道这部机器已经说过了什么。这里，我们就得谈到反馈原理，这我们前面已经讨论过了。船上的舵机就是反馈原理的一个实例，但是，还有比舵机更早的例子。事实上，调节瓦特蒸汽机速度的调速器就是这个原理的应用。这种调速器可以防止机车在其负载减轻时不致跑得太快。如果机车开始跑得太快，那么调速器的球就会因离心的作用而上升，杠杆就连带上升，于是就挡住一部分蒸汽进入机器。这样，转速增加的趋势就会引起部分补偿的趋势，从而把转速降低下来。1869 年，麦克斯韦曾经对这种调节方法作了彻底的数学分析。

在这里，反馈是用来调节机器的速度的。在船舶的舵机中，它是用来调节舵的位置的。驾驶员操纵着轻便的传动系统，利用链条或水压传动来推动一个安装在驾驶室中的构件。这个构件和舵柄之间的距离由专门的仪器指示出来，人们根据这一距离来控制进入蒸汽舵机气门的蒸汽数量，而在电动舵机的情况下，则控制电能的进入。无论具体的联结方法如何，进入能量的变化状况总是这样的：它使舵柄和驾驶盘所开动的构件保持着协调的动作。因此，一个掌盘的人就能轻而易举地完成一部旧式人力舵轮所需的全班人马才能费力完成的任务。

到此为止，我们只举了几个主要是机械形式的反馈过程。然而，同样结构的一系列操作也可以通过电的手段乃至真空管来完成。这些手段有可能成为未来设计控制仪器的标准方法。

使工厂和机器自动化的趋势早就出现了。除了出于某些特殊目的外，谁也不想用普通的镟床来生产螺丝钉了，因为用这种镟床的机工必须注视车刀的进程并且要用手来调节它。现在，不需要人们太多的干预就能生产大量的螺丝钉了，这就是普通螺钉机的平平常常的工作。虽然这种机器并没有专门使用反馈过程，也没有专门使用真空管，但它可以达到大致相同的目的。反馈和真空管所能做到的不是个别自动化装置的零星设计，而是我们制造各式各样自动机的一般方针。在这方面，我们关于新的通信理论的研究起了促进的作用。我们的理论充分考虑了机器与机器之间的通信的可能性。正是这些情况结合在一起，才使得现在的新的自动化时代的到来成为可能。

目前工业技术的情况包括第一次工业革命的全部成果和我们今天看做第二次工业革命先声的许多发明。至于这两次革命之间的严格界限问题，现在谈它未免过早。就其潜在的可能性而言，真空管肯定是属于一次不同于动力时代的工业革命的革命。然而，只是到了现在，真空管发明的真正意义才为大家所充分了解，从而使我们有可能把当前的时代引向新的即第二次的工业革命。

直到现在，我们谈的都是事情的现况。我们还只不过谈了上次工业革命中各个方面的一点点情况。我们没有提到飞机，也没有提到推土机以及其他机械建设工具，也没有提到汽车，在那些使现代生活空前不同的因素中，我们提到的甚至不到十分之一。但是，可以公正地说，除了相当大量的个别例证外，工业革命迄今只不过改变了人和牲畜作为动力源泉的面貌，对于人类的其他功能讲来，它还没有显示出任何重大的影响。在今天，如果一个工人要用镐子和铲子去谋生，那他所能做的工作顶多是跟在推土机后面拾掇拾掇地面而已。在一切具有重要意义的工作中，一个人如果除了自己的体力外别无他物可卖，那他是卖不出什么值得任何人花钱去买的东西的。

现在让我们看一看一个更加完整些的自动化时代的图景。例如，让我们设想一下未来汽车工厂的样子，特别是设想一下装配部门即汽车工厂中使用劳动力最多的一个部门。首先，操作程序将由某种类似于现代高速计算机的装置来控制。我在本书以及其他地方常常说到，高速计算机基本上是一部逻辑机，它把不同的命题拿来互相比较，并从它们的结论中作出选择。它能把全部数学归结为一系列纯逻辑任务的运演。如果把这种数学表示体现到机器中，则这种机器便是通常的计算机。但是，这种计算机除了解决通常的数学任务外，还能够担负起给机器传达一系列有关数学演算的指令的逻辑任务。因此，它至少要包括一大堆进行逻辑运算的设备在内，目前的高速计算机事实上正是这样的。

给予这种机器的指令（我这里仍然是谈目前的实际情况）是由我们称之为程序带这个地方发出的。发给机器的命令可以由完全预定的程序带馈进的。机器在执行自己的任务时所遇到的意外情况也可以被用做进一步调节机器自身所制定的新控制带的基础，或者作为修改旧控制带的基础。我已经解释过，我认为这些过程都同学习的过程有关。

也许有人认为，目前计算机的价格太高，无法把它们利用到工业过程中来；而且，制造这些机器的工作过于精细，机器的职能又是多种多样的，因而无法进行大量生产。这些看法都是不正确的。第一，目前用来进行极复杂的数学工作的大型计算机，其价格大概是数十万美元。即使是这样的价格，一个真正大工厂也不会拒绝采用它作为控制机器的，但是这个价格还是太贵了一些。目前的计算机发展得如此之快，以致实际造出的每部计算机都是新式的。换句话说，在这些显然过高的费用中，大部分都是花在新的设计工作上和制造新的零件上，因为生产这些零件要求有十分精巧的劳动和十分昂贵的设备。因此，如果这些计算机之一在价格和机型方面确定下来了，并且是十架、二十架地采用了，那它的价格是否会超过一万元就很值得怀疑了。一架类似的功率较小的机器虽然不适于解决最困难的计算问题，但却完全适于工厂控制之用的，而这种机器对于任何一种中等规模的生产说来，其价格都可能不超过几千美元。

让我们现在再来考虑一下大量生产计算机的问题。如果大量生产仅仅是指大量生产各种机型的整部机器的话，那么，十分清楚，在相当长的时间以内，我们至多只能进行中等规模的生产。但是，每架机器的零件，基本上都是无数次重复生产的。不管我们考虑的是记忆装置，是逻辑装置，抑或是其中的算术运算设备，都是如此。因此，只要有少量机器的生产，实际上就意味着大量零件的生产，因而在经济上也就具有大量生产的优点。

也许还有人认为，机器的专门化必然意味着每件不同的工作需要有一种新的特殊模型的机器。这个看法也是错误的。即便机器的数学部分和逻辑部分所需的操作类型不尽相同，机器总任务的完成也是由程序带至少是由原初的程序带来调节的。给这种机器编制程序带，对于高明的专家说来，是一件很复杂的工作，但它大半是或者完全是一劳永逸的工作，当机器为了用于新的工业装备而有所改变时，这种工作只需部分地改变。因此，花费在这种精巧技术上的费用可以分摊到大量产品上去，并不真的会对机器的采用造成重大的影响。

计算机是自动化工厂的中心，但它决不等于整个工厂。另一方面，它是从那些带有感官性质的仪器那里取得详细的指示的，这些仪器如光电管、测量纸张厚度的电容器、温度计、氢离子浓度计以及现时各仪器公司制造出来的并利用人手来控制工业过程的各种仪器。这些仪器已经制成到这样的地步：能够借助电力把命令传达给遥远的工作站。为了使这些仪器能够把自己的信息送入自动化的高速计算机中，只需要有一个读数装置，把位置或刻度译成一连串数字的模式就行了。这种装置已经做出来了，无论在原理上或在制造细节上都没有太大的困难。感觉器官的问题不是新问题，而是一个已经有效地解决了的问题。

除了这些感觉器官外，控制系统还必须包括效应器官或作用于外界的构件在内。其中有些效应器的类型已经是大家所熟悉的了，例如，回转阀电动机、电离合器等。有的还需要发明，以便更准确地模仿人手的功能，用作人眼功能的补充。我们对汽车车架进行机械加工时，完全可以在磨光的车架表面上留下几处金属突起作为参考点。为了使工作工具（不论是钻孔机、铆钉钉接器或其他必要的工具）能够自动找到这些参考点起见，我们可以采用光电机械，例如用油漆光点引动的光电机械。最后固定下来的位置可以使工具和参考点紧密接触，但又没有紧密到使这些地方遭受破坏的程度。这只是做这类工作的一种方法。任何有能力的工程师都能够再想出成打的其他方法来的。

当然，我们假定这类带有感官性质的仪器不仅可以把工作的初始状况记录下来，而且还可以把以前所有过程的结果记录下来。因此，机器所能完成的反馈操作，除了现今已经完全了解的那种简单类型的反馈操作外，还有由中央控制系统（例如逻辑装置或数学装置）来调节的包括比较复杂的选择过程在内的反馈操作。换句话说，整个控制装置相当于一个具有感觉器官、效应器官和本体感受器的完整动物，而不是相当于一个孤立的脑，像超速计算机那样，其经验和有效性要取决于我们对之参与的程度。

工业中可能采用这些新装置的速度，将因工业部门的不同而有很大的不同。自动机已经广泛地应用到实行流水作业的工业部门中了,例如罐头厂、轧钢厂,尤其是电线厂和白铁制造厂。这类机器同我们这里所讲的可能不完全相同,但其功能大体一样。造纸厂中也常常见到这类机器,同样是采用流水作业法生产。另外一种必须使用自动机的工厂就是在生产中具有太大危险性的工厂,在这种工厂里,大量工人冒着生命危险去操纵机器,而且,这种工厂一出事故就可能很严重,损失很大,所以事故的可能性应当预先得到警告,不应当以现场中某人仓皇作出的判断为根据。如果预先能够考虑到行动方案,那就可以把它记到程序带上,以便按照仪器的读数控制其后的行动。换句话说,这种工厂应当按照一定制度进行工作,就像铁路信号塔的连锁信号和开关工作的制度那样。这种制度已经在炼油厂和其他许多化学企业以及因利用原子能而出现的各种危险物质的处理工作中建立起来了。

我们曾经提到的装配部门就是应用这类技术的部门。在装配部门,例如在化学工厂或流水作业的造纸厂中的装配部门,必须对产品的质量进行某种统计性质的监督。这种监督是靠抽样过程来进行的。这个过程经过瓦尔德(Wald)等人的改进现在已经提出一种所谓连续分析的技术方法了。依据这种方法,抽样不再是集总进行的,而是同生产一道进行的连续过程。因此,凡是能够用相当标准化的技术来完成并可以交给一个不懂得其中所含的逻辑关系的统计员去管理的那些过程,都可以交给计算机去做。换句话说,除了最高水平的工作外,机器既能照顾到生产过程,又能照顾到日常的统计监督工作。

一般说来,工厂都有会计手续,它与生产无关,但是,既然账簿上出现的数据都是来自机器或装配线,那它们也就能够直接送到计算机中。其他数据可以通过人手运算随时送到计算机中,但是,大部分的书写工作可以用机械方法来完成,只剩下少数的细目,例如对外通信,才需要由人来担当。但是,即使是对外通信,也可以大部分变为收取对方送来的穿孔卡片或者是通过极为简易的劳动把它打印到穿孔卡片上的。从这一阶段开始，一切工作都可以由机器去完成。这种机械化的方法同样适用于工业企业图书馆和档案处的绝大部分的工作上面。

换句话说，机器既不偏爱体力劳动，也不偏爱文牍式的劳动。因此，新的工业革命所能渗透进去的领域就会非常广泛，包括执行不太用脑筋的一切劳动在内，情况和上次工业革命在人力的各个方面都有被机器排挤掉的现象极为类似。当然，也会有些行当是新工业革命所不能插手的，因为新的控制机器对于小规模工业会是不经济的，承担不起大量的基本投资，或者，由于这些工业的工作变化多端，以致每一特定的工作几乎都要有一个新的程序带。我不能想象一部代替我们去做判断的那种类型的自动机会被小杂货铺或出租汽车行所采用，虽然我能够清楚地想象到，杂货批发商或汽车制造商会采用它。农业工人虽然在生产中也会受到自动机的排挤，但由于他所耕作的土地面积的规模、他所种植的作物的多样性和气候条件的特殊性以及他所面临的其他情况等等，他还不至于感受到它的全部压力。但即使在农业中，大规模经营的农场或种植园的资本家也开始愈来愈依赖于摘棉机和锄草机了，例如种小麦的农场主早就用上麦克考尔密克(McComick)收割机了。凡是可以使用这些机器的地方都不是不可能在一定程度上使用机器来作判断的。

当然，这些新装置的采用与否以及可能被采用的时间主要是经济方面的问题，而在这个问题上，我不是行家。据我粗略的估计，如果没有剧烈的政治变动，或者发生另一次大战的话，那么，新机器需要一二十年才能占据应有的地位。战争会使这一切在一夜之间发生变化的。假如我们同大国发生战争，例如，同俄国发生战争，以致迫切需要大量的步兵，因而需要大量的人力时，我们就很难维持我们的工业生产了。在此情况下，采用其他方式来代替人力生产的问题也许就是民族存亡的问题。我们现在在发展自动控制机器的统一体系方面所面临的处境就像我们在1939年发展雷达技术时的处境一样。正是由于“英国战役”

这一紧急事变，使得我们有必要大规模地去研究雷达问题，有必要使这个领域的自然发展过程加快起来，从而使它提前几十年成熟；同样，在一次新战争中，代替劳动力的必要性也可能给我们带来同样的影响。由熟练的无线电爱好者和数学家、物理学家这批人员所组成的那支技术队伍，过去曾经很快地变成了熟练的从事雷达设计的电气工程师，今天，他们仍然可以在自动机器的设计方面做出类似工作的。还有，由他们训练出来的新的熟练的一代也正在成长中。

在这些条件下，自动化工厂发展起来的时间很难超过两年左右，这相当于过去使雷达在战场上发挥高度效能所需的时间。在这样一次战争结束时，建立这类工厂所需的“专门技能”就成为人所共知的事情了。那时甚至还有剩余下来的政府所制造的大批设备，可以卖给或交给工业家使用。因此，一次新的战争几乎免不了会在不到五年的时间内掀起一个自动化的高潮。

我曾经谈到这种新的可能的真实性和迫切性。我们从中能够预期到什么样的经济后果和社会后果呢？首先，我们可以预期，那种进行纯粹重复工作的工厂会突然降低劳动力的需要，最后变成完全不需要。归根到底，这种极其乏味的重复劳动解除以后，也许会带来好处，这是人类文化能够得到充分发展所必需的闲暇时间之来源。但是，它也可以在文化领域里产生毫无价值的和有害的结果，就像目前在无线电广播和电影中所得到的大部分结果一样。

不管怎样，采用新方法的中介时期，特别是，通过一次新战争而可以期望它迅速来临的话，那就会立即出现一个充满灾难性混乱的过渡时期。我们有许多经验来说明工业家对待新工业潜力的态度。他们的全部宣传就是要达到下述的目的：新技术的采用不应当看成是政府的事，而应当交给愿意在这项技术上投资的企业家自由掌握。我们也知道，当事情牵涉到攫取工业中全部能够攫取到的利润，然后让公众也捡到一些残羹剩饭的时候，企业家是很难克制自己的。伐木工业和采矿工业的历史就是如此，这也是我在另一章中叫做传统美国的关于进步的哲学的一个部分。

在这些条件下，工业中采用新机器就会到达这样的程度：只要眼前有利可图，就不管它们在以后可能带来怎样的危害。我们将看到一个和原子能发展的过程相类似的发展过程。原子能被用来制造炸弹，这就妨碍了未来利用原子能以代替石油和煤的蕴藏量，而这却是我们极其必要的潜力，因为石油和煤在几百年内（如果不是几十年的话）即将耗竭。要注意，原子弹的生产是不同动力生产作竞争的。

让我们记住，不管我们对于自动机之有无感情问题采取什么样的想法，它在经济上完全和奴隶的劳动相当。而任何一种同奴隶劳动竞争的劳动都必须接受奴隶劳动的经济条件的。十分清楚，自动机的采用会带来失业现象，它同目前的工业萧条甚至20世纪30年代的危机相较，后者只不过是儿戏而已。这种危机会给许多工业部门带来危害，甚至也可能给那些利用新潜力的工业部门带来危害。另一方面，我们的工业传统决不妨碍工业家去攫取迅速取得而又稳当可靠的利润，并且在他个人行将破产之前溜之大吉。

因此，新工业革命是一把双刃剑，它可以用来为人类造福，但是，仅当人类生存的时间足够长时，我们才有可能进入这个为人类造福的时期。新工业革命也可以毁灭人类，如果我们不去理智地利用它，它就有可能很快地发展到这个地步的。然而，目前已经呈现出一些有希望的迹象。自从本书初版发行以来，我曾经参加过两次大型的实业家代表会议，我很高兴地看到，绝大部分的与会者已经意识到新技术给社会带来的威胁，已经意识到自己在经营管理上应尽的社会义务，那就是要关心利用新技术来为人类造福，减少人的劳动时间，丰富人的精神生活，而不是仅仅为了获得利润和把机器当做新的偶像来崇拜。我们面前还有许多危险，但是善良愿望的种子也在生根发芽，所以我现在不像本书初版的时候那样地感到完全悲观失望了。

第十章

几种通信机器及其未来

· X *Some Communication Machines and Their Future* ·

当个体人被用作基本成员来编织成一个社会时，如果他们不能恰如其分地作为负着责任的人. 而只是作为齿轮、杠杆和连杆的话，那即使他们的原料是血是肉，实际上和金属并无什么区别。作为机器的一个元件来利用的东西，事实上就是机器的一个元件。不论我们把我们的决策委托给金属组成的机器抑或是血肉组成的机器(机关、大型实验室、军队和股份公司)，除非我们问题提得正确，我们决不会得到正确的答案的。

我在上一章中专门讨论了某些控制机器对于工业和社会的影响，这些机器在代替人的劳动上已经开始显示出种种重要的可能性了。但是，还有许多问题和下述的自动机有关：它们和我们的工厂体系没有任何关系，它们或是用来说明和揭示一般通信机制的种种可能性，或是为了半医疗的目的供作某些不幸患者所丧失了的或衰老了的生理机能之补充或代替物。我们下面将要讨论的第一类机器就是为了理论目的而设计的，它是我在若干年前和我的同事罗森勃吕特（Rosenblueth）、毕格罗（Bigelow）两位博士合写在一篇论文[1]上的早期工作的实例说明。在这项工作中，我们猜想，随意活动的机构是反馈性质的，据此，我们在人的随意活动中寻求反馈机构在负载过度的情况下所表现出来的发生障碍的特征。

最简单的障碍类型就是在寻求目的物的过程中所发生的振荡，这种振荡仅当该过程是主动地激发起来时才会发生。这种现象同人的所谓目的震颤（intention tremor）现象颇为近似，例如，当患者用手去取一杯水时，他的手会摆动得愈来愈厉害，以致他拿不到杯子。

人的震颤还有另外一种类型，它在某些方面和目的震颤的情况正好相反。它叫做帕金森症候群（Parkinsonianism），是我们大家常见的属于老年人的一种麻痹性震颤，患有这种症候的人甚至会在休息的时候出现震颤，事实上，如果病症不太严重，震颤就只在休息时发生。当患者企图完成确定的目的时，这种震颤便会在相当程度上平息下来，以致早期的帕金森症患者甚

◀康奈尔大学校园一隅

① Rosenblueth, Wiener & Bigelow, "*Behaviour, Purpose & Teleology*"《行为、目的和目的论》(1943)，参见《控制论哲学问题译文集》，第一辑（商务印书馆，1965）。——译者注

至可以成为一个成就卓著的眼科医生。

我们三人把这一种帕金森震颤同某种形式的反馈联系起来，该反馈与完成目的的反馈略有区别。人们为了成功地达到一个目的，他的许多关节部位虽然与合目的的运动没有直接的联系，但也必须保持适度的强直或紧张状态，以便使肌肉的最后的合目的的收缩刚好跟上。为了做到这一点，就必须有一个第二级的反馈机构，这个机构在脑中的位置好像不是小脑，因为小脑是那种机构的中央控制站，如果它受到损害，就会引起目的震颤。这种第二类的反馈叫做姿势反馈。

数学能够表明，在这两种震颤的场合中，反馈都是过头了。现在，当我们研究在帕金森症候群中具有重要意义的那种反馈时，我们弄清楚了，就姿势反馈所调节的那部分器官的运动而言，调节主要运动的随意反馈和姿势反馈的方向相反。因此，目的的存在就有阻止姿势反馈过分加强的趋势，并且可以使它完全避免发生振荡。这些事情，我们在理论上已经知道得很清楚了，但是，直到最近之前，我们还没有决心去造出一个关于它们的活动状况的模型来。然而，我们是愈来愈希望去制造出一部能够证明它是按照我们的理论来工作的机器的。

正是因为这个缘故，麻省理工学院电子学实验室的维斯纳(Wiesner)教授同我一起讨论过制造向性机器或装入单一固定的目的的机器之可能性问题，要求这种机器的各个部分能够调节到足以说明随意反馈的基本现象，足以说明我们刚才讲到的姿势反馈的基本现象以及它们被破坏时的情况。在我们的建议下，辛格莱顿(Singleton)先生解决了制造这种机器的问题，并且得到了辉煌成功的结论。这部机器有两种主要的活动样式，其一是正感光，即趋光的；另一是负感光，即避光的。我们把机器的这两种功能分别叫做“飞蛾”和“臭虫”。机器是由一个小小的三轮推车组成，推车后轴上有一推进器。前轮是一个小脚轮，由杠杆来操纵。车上装有一对方向向前的光电管，其中一个检查左半边是否有光，另一个检查右半边。这两个光电管是一个小桥的两个扶手。桥的输出是不可逆的，它进入一个可以调节的放大器。放大器的输出通向一个伺服电动机，以调节与电位计相连的一个接头的位置。另一个接头也是由一个伺服电动机来调节的，这个伺服电动机还推动着那根操纵前轮的杠杆。电位计的输出表示两个伺服电动机的位置之差，这个输出经由第二个可调节的放大器通到第二个伺服电动机，由是来调节那根操纵前轮的杠杆。

这个仪器究竟趋向光线较强的半边或是避开它，要看桥的输出的方向而定。但无论是哪一种情况，它都自动地使自身趋于平衡。因此，这是一种取决于光源的反馈，即光行进到光电管，再从光电管行进到舵控制系统，仪器就是通过这个系统最后来调节自己的运动方向并改变光的入射角的。

这种反馈倾向于达到趋光或避光的目的。它是随意反馈的模拟，因为我们认为，人的随意活动本质上就是在种种向性之中做出一项选择。当这种反馈由于放大倍数增加而过载时，这个小推车，即“飞蛾”或“臭虫”，将按照其向性方向以振荡方式觅光或避光，而且它的振荡愈来愈大。这和小脑受伤所引起的目的震颤现象极为类似。

舵的定位机构含有第二级反馈在内，这种反馈可以看做姿势反馈。这个反馈经由的途径是从电位计到第二个电动机再回到电位计的，而其零点是由第一级反馈的输出来调节。如果这个反馈过载，舵就开始出现第二类震颤。第二类震颤是在无光的时候发生，即当我们不给机器安排目的时发生。从理论上讲，这是由于下述事实所致：就第二种机制而言，它的反馈是跟第一种机制的活动相对立的，因此后者倾向于减弱前者。这种现象在人的身上就是我们所描述的帕金森症候群。

我最近收到英国布列斯托的布登神经病学研究所瓦尔特（Walter）博士的一封信，他在信中表示对“飞蛾”和“臭虫”感兴趣，并且告诉我他已经制造出一种类似的机器，这部机器和我的机器不同之处就在于它具有一个确定的然而又是可以改变的目的。用他自己的话说，“我们已经把除负反馈外的种种特性都考虑进去了，负反馈使机器对宇宙具有一种探究的态度和道德的态度就像它具有一种纯向性的态度一样”。关于行为模式发生这种变化的可能性，我已经在本书关于学习的一章中讨论到了，这个讨论和瓦尔特的机器直接有关，虽然我现在还不知道他确实是用什么工具来取得这种行为类型的。

乍看起来，飞蛾和瓦尔特博士的进一步发展的向性机器似乎都是工艺技巧方面的课题，或者顶多是哲学论题之机械诠释。但虽然如此，它们都有某种确定的用途。美军医疗队曾把“飞蛾”的照片同神经震颤的实际病例的照片作过比较，他们竟然肯定到这个地步：这些照片有助于训练神经病学方面的军医。

我们也曾研究过第二类机器，这类机器有着更加直接得多和重要性更为明显的医疗价值。这些机器可以用来补偿四肢残废或官能不全的种种缺陷，也可以给那些本来健全的器官提供新的可能的危险能力。我们可以把机器的用途加以推广，制造出性能良好的人造肢；设计出盲人助用器，把视觉模式转变为听觉信号，借以逐页地阅读普通书籍；又可以设计出其他类似的辅助工具，使盲人意识到何处有危险并使他们行走方便。特别是，我们可以用机器帮助全聋。这一类的辅助工具也许是最最容易制造出来的；部分原因在于，电话技术已经研究得十分完善了，而且它在通信技术中是大家最为熟悉的东西；部分原因在于，听觉的丧失在绝大多数的情况下就是自由参加与人交谈这种能力的丧失；还有部分原因在于，言语所传送的有用信息可以压缩在如此之小的界限以内，以致它不会超出触觉器官输送能力的范围。

若干时候以前，维斯纳教授曾经告诉我，他对制造一种工具以辅助全聋的可能性感兴趣，他想听听我对这个问题的意见。我说了我的意见，结果说明，我们的看法大都相同。我们都知悉贝尔电话实验室关于可见言语（visible speech）所曾做过的工作，以及该工作同早先关于自动语音合成器（vocoder）的工作的关系。我们已经知道，自动语音合成器的工作给了我们一种比以前任何方法都要优越的度量信息量的方法，这是传输言语可懂度所必需的。但是，我们觉得可见言语有两个缺点，那就是，它似乎不易制成手提式的，同时，它对视觉的要求太高了，而视觉对于聋子比我们一般人更为重要。粗略的估计表明：可见言语这种工具所用的原理有可能转用到触觉上面，而这，我们决定，应当就是我们仪器的基础。

我们在开始从事这项工作后，很快就发现了贝尔电话实验室的研究人员也考虑到了用触觉接受声音的可能性，并且已经把它列入他们的专利申请书中。他们十分好意地告诉我们，他们还没有对它做过任何实验，并且让我们随意进行我们的研究。于是，我们把这项仪器的设计和制造工作交给拉芬奈(Lavine)先生，他是电子学实验室的一位工程师。我们预见到，要使我们的器械具有实际的用途，就有必要进行许多工作，其中训练使用这个仪器的问题将居于主要地位，在这上面，我们取得了我校心理系巴弗拉斯(Bavelas)博士的帮助，他出了许多主意。

通过除听觉器官外的其他感官，例如触觉器官来解释言语的问题，可以从语言的观点做出如下的解释。如前所述，我们可以在外界和接受信息的主体之间大体区分出三个语言阶段和两个中介过程。第一阶段是声学符号阶段，从物理上说就是空气振动的阶段；第二阶段又称语音学阶段，就是在内耳与神经系统的有关部分中所发生的种种现象；第三阶段又称语义学阶段，此时声学符号转变为关于意义的经验。

对于聋子，一、三两阶段还是存在的，但第二阶段是不存在的。然而，完全可以设想，第二阶段可以绕过听觉器官而用其他器官来代替，例如，用触觉器官来代替。这时，第一阶段向新的第二阶段的过渡不是通过我们天生的物理-神经仪器来完成的，而是通过一个人工的，即人所制造的系统来完成。新的第二阶段向第三阶段的过渡，不是我们所能直接检查到的，它代表形成习惯和反应的新系统，例如，我们学习驾驶汽车时所养成的那些习惯和反应。我们所设计的仪器的现状是这样的：第一阶段和新的第二阶段之间的过渡已经完全能够控制了，虽然还有若干技术困难有待于克服。我们正在研究着学习过程，即研究第二阶段向第三阶段的过渡；按照我们的意见，这些研究极有成功的希望。到目前为止，我们所能证明的最好结果是：在使用由12个单字所组成的学习语汇时，80次随机重复的过程中只有6次错误。

在我们的工作中，我们总是记住某些事实。如前所述，其中的第一个事实是：听觉不仅仅是一个通信器官，而且是一个其主要用途在于承担和他人建立交往的通信器官。它又是一个作用于我们方面的某些通信活动即言语活动的器官。听觉的其他用途也是重要的，例如，接受自然界的声音和欣赏音乐，但它们并没有重要到这样的地步：如果一个人除用言语参加人与人之间的日常通信外，他的听觉不作其他用途时，那我们就非要把他看成是社会上的聋子不可。换言之，听觉具有如下的性质：除了用作同他人交谈的通信工具外，如果我们的听觉的全部其他用途都被剥夺掉的话，那我们还是会由于这种最低限度的缺陷而感到不方便的。

为了弥补感官的缺陷，我们必须把整个言语过程看成一个构成单位。当我们考虑聋哑人的言语时，这一点的重要性是马上可以观察出来的。对于大多数聋哑人讲来，读唇术的训练既不是不可能的又不是极端困难的，所以聋哑人之接受他人发出的言语信号可以达到极其精通的地步。另一方面，除了极少数的例外，最良好和最新式的训练方法所得到的结果是：虽然绝大多数的聋哑人都能学会使用口唇发音，但他们所发的都是奇怪的刺耳的音调，这是一种高度无效的发送消息的形式。

困难在于这个事实：对于聋哑人说来，谈话活动已经分裂成两个完全分离的部分。我们可以非常容易地给正常人模拟出这种情况来，这只要我们给他一个电话通信系统来跟别人交谈，让这部电话机不把他的言语传送到他自己耳朵中来就行了。要制造这样一种其传声器不起作用的传送系统是非常容易的，实际上，电话公司已经研究过它们了，这些系统之所以弃置不用，只是因为它们引起了极大的混乱感，特别是不知道自己的声音究竟有多少送入线路的那种混乱感。使用这类系统的人们总是大喊大叫地把自己的嗓门提高到顶点，唯恐线路的另一端听不到他们发出的声音。

我们现在回到普通的言语上来。我们知道，正常人的讲话过程和听话过程决不是分离开的；而言语的学习自身就取决于每个人都听得到自己在讲话这个事实。如果一个人只是零零碎碎地听到自己所讲的话，靠记忆来填补这中间的空隙，那是不足以取得最好的讲话效果的。仅当讲话是处于连续不断的自我监督和自我批判的情况时，它才能取得良好的质量。任何一种供全聋者使用的辅助工具都必须利用这个事实，虽然这种工具的确可以求助于其他感官，例如触觉器官，而不求助于已经残缺了的听觉器官，但它必须制造得和目前手提式的、经久耐用的电动听觉器相似。

弥补听觉缺陷的进一步理论和有效地用于听觉的信息量有关。最粗略地估算一下这个量的最大值，它能在 10000 赫兹声频和 80 分贝左右的振幅范围内传送。通信的这个负载量虽然标志着耳朵所能做到的最大值，但用这个量来表述实际言语所给出的有效信息，那就未免太大了。首先，通过电话送出的言语就没有 3000 赫兹以上的声音，其振幅范围肯定不超过 5～10 分贝；但即使在电话中，虽然我们没有把传送给耳朵的声音范围夸大了，我们还是大大夸大了耳朵和脑为了重建可理解的言语而使用的声音范围。

我们讲过，在估计信息量的问题上，曾经做过的最有成绩的工作就是贝尔电话实验室关于自动语音合成器的工作。这项工作可以用来说明：如果把人语作适当的划分，使其不超过五个频带，如果这些频带经过检波使得被觉知的只是它们的外形或外貌，再把这些外形或外貌用来调制它们频率范围内的完全任意的声音；又如果这些声音最后都叠加起来，那么人们还是可以辨识出原来的言语是一种言语，甚至可以辨识出它是某人的言语。然而，这时可能输送的有用的或无用的信息量已经减缩到不及原来可能提出的信息的十分之一或百分之一了。

我们把言语中的有用信息和无用信息做出区分，也就是把耳朵接受言语的最大编码能力和通过耳朵与脑所组成的各个相继阶段的级联网的最大编码能力做出区分。前一种能力只和言语通过空气和通过像电话之类的中介工具的传递有关，电话只是模仿耳朵，而不是模仿人脑中任何用来理解言语的器官的。后者涉及空气-电话-耳朵-脑这整个复合系统的输送能力。当然，可以有音调变化的细微差别无法通过我们讲话时所使用的整个窄频带的传送系统，而要估价这些细微差别所带来的信息损耗量则是一桩难于做到的事情，但这个损耗量看来是不大的。这就是自动语音合成器所依据的观念。过去的工程学对信息的估价是有缺点的，他们忽视了从空气到脑这根链条的最后环节。

在利用聋子的其他感官时，我们必须认识到这一点：除视觉外，所有其他感觉都低于听觉，亦即它们在单位时间内所传送的信息是少于听觉所传送的信息的。要使像触觉器官这样比较低级的感官工作起来达到最大的效率，唯一的办法就是不把我们通过听觉得来的信息全部发送给它，而只把加工了的部分即适于理解言语的那一部分听觉发送给它。换句话说，在信息通过触觉接收器以前，我们就用信息过滤器来代替大脑皮质在接受声音后通常所执行的那一部分的功能。我们就是这样地把脑皮质的部分功能转嫁到人造的外在皮质上。在我们正在研究的那个仪器中，我们为了实现这个目的而用的详细方法就是像自动语音合成器那样把言语的几个频带分开来，然后，在这些频带用来调制其频率易为皮肤所知觉的振动之后，就把这些过滤后的不同频带输送到空间分隔的各个触觉区域。例如，五个频带可以分别发送给一只手上的大拇指和其余四个指头。

以上就是我们所需的仪器的基本思想，即通过电学方法把声音振动转移给触觉来接受可以理解的言语。我们早已充分了解到了，大量词汇的模式彼此是十分不同的，而它们在许多讲话人之中又是十分一致的，所以用不着太多的言语训练就可以认清它们。从这一点出发，研究的主要方向应当是比较全面地去训练聋哑人辨识声音和再生声音。从技术观点看来，摆在我们面前的就是仪器轻便与否以及降低其能量需求而不损害其基本性能等问题，这些问题迄今还处在讨论阶段。我不想在那些有生理缺陷痛苦的人和他们的亲属中间散布虚无缥缈的希望，特别是不成熟的希望，但我认为这样讲是有把握的：制成的前景决不是没有希望的。

自从本书初版发行以来，通信理论方面的其他工作者已经制造出了一些新的专门仪器，据此阐明了通信理论的若干基本原理。我在前面某一章中已经讲到阿希贝博士的稳态机和瓦尔特博士在某些方面的颇为类似的机器。这里让我再谈谈瓦尔特博士早期发明的几种机器，它们和我的“飞蛾”或“臭虫”颇为类似，但它们是为了不同的目的而制造出来的。就这些向光机器而言，每一元件都有光，所以它能刺激其他元件。因此，一系列元件同时动作就表现为若干群体和相互反应，如果动物心理学家发现这些元件不是装在钢和铜之中，而是装在血肉之中的话，那他们大多数会把这种现象解释作社会行为的。这是一门新的关于机械行为的科学的开端，虽然它的全面展开则有待于未来。

在过去两年中，麻省理工学院由于种种原因使得听觉手套的制造工作很难得到开展，虽然制造的可能性还是存在的。这其间，理论的研究导致了仪器的改善，能够做到让盲人通过错综复杂的街道和建筑物，虽然仪器的细节还没有设计好。这项研究主要是维特策（Witcher）博士的工作，他本人就是先天性盲人，但他在光学、电工学和其他为这项工作所必需的领域中就是一位卓越的权威和专家。

看来前途很有希望但迄今还没有得到任何真正发展或最后鉴定的一种弥补生理缺陷的仪器就是人造肺。在人造肺中，呼吸马达的引动是由病人的虽然衰弱但尚未毁坏的肺肌所发出的电信号或机械信号来决定的。这个情况说明了：可以把健康人的脊髓和脑干中的正常反馈应用到中风病人身上来帮助他控制呼吸。因此，所谓铁肺也许不再是一个使病人忘却如何呼吸的监狱了，它将是一种练习工具，用来保持病人残存的呼吸活动的能力，甚至有可能把这种能力提高到使他能够独立呼吸而不需要机器来帮助的程度。做到这一点是有希望的。

到目前为止，我们讨论过的机器都是一般公众所关心的机器。要么它们具有理论科学中直接与人有关的特点，要么它们肯定是有益于残废者的辅助工具。现在，我们再来讨论一类具有某些极为不祥的可能性的机器。十分奇怪的是，这类机器包括了自动象棋机在内。

在若干时候以前，我曾经提出一种方法，用现代计算机来下象棋，这棋下得至少还是过得去的。在这项工作中，我所追随的思想线索有其不可忽视的历史背景。坡(Poe)曾经探讨过梅尔泽尔(Maelzel)的骗人的弈棋机，并且揭露了它，指出机器之能下棋是由一个断腿的残废人在里面操纵着。但是，我所指的那种机器是真有其事的，它利用了计算机发展中的最新成就。要制造一部只能按部就班下棋而棋品低劣的机器，那是容易办到的；而要试制一部下棋本领完美无缺的机器，那就毫无希望了，因为这样的机器要求有过多的棋步组合。普林斯顿高级研究所的冯·诺伊曼教授就曾经讨论过这个困难。但是，要制造出一部机器，能够保证它在每着的以后有限几步之内，譬如说，两步之内，都能有最好的走法，从而保证它按照某种比较容易的估算方法使自身处于最有利的位置上，这虽然不容易，但不是没有希望的。

现在的快速计算机可以改装得像弈棋机那样地来工作，但如果我们决心要机器下棋，也可以去制造一部更好的机器，虽然它的造价可能很贵。这些现代计算机的速度是足够快的，它们能够在每走一着棋的规定时间之内估算出后面两着棋的各种可能性。棋步组合的数目大体是按几何级数增加的。因此,计算出两步内的一切可能性和计算出三步内的一切可能性区别极大。要在任何合理的时间之内计算出一盘棋,譬如说一盘要走五十步的棋,那是机器办不到的事。然而,对于活得足够长的生物说来,如冯·诺伊曼所指出的,这是可能办到的,而双方都下得尽善尽美的棋局,不言而喻的结论,或是白子常胜,或是黑子常胜,或是,最可能的情况,经常下成平局。

贝尔电话实验室的香农先生曾经提出一种机器,其原理和我所思考过的能算两步棋的机器的原理相同,但他作了相当多的改进。首先,他的关于走两步后的最后棋势的估算方法就包括了棋局的控制、棋子之间的相互防护等等因素的估计在内,也包括了棋子的数量、将军和将死。然后,如果在走完两步后,由于将军或者由于一个重要的棋子被吃掉或者由于"两头将"而使棋局显得不稳定时,机器棋手就会自动地再动一子或两子,直到棋局获得稳定为止。这样做会使整盘棋延长多少时间,每走一步棋会超过规定时间多少,我不知道;虽然我是不相信我们能够遵循这个方向走得很远而不会在我们现有速度下遇到时间问题的困难的。

我愿意接受香农所作的如下的推测:这种机器所下的棋可以达到业余优秀棋手的水平,甚至可以达到专业优秀棋手的水平。它下棋下得生硬而乏味,但比任何人所下的棋都稳健得多。如香农所指出的,在机器的操作中,我们可以加进足够多的机遇来防止在纯粹系统化了的方法中由于走棋次序生硬不变而经常遭到的失败。这种机遇或不确定性可以加进走两步后的终极棋势的估算方法中去。

机器也会像人那样利用标准的以守为攻和关于绝招的学识去走那种以守为攻的棋并使出可能的绝招来的。一部比较完善的机器会在纸带上把过去下过的每一盘棋都记录下来,并且会对我们所已经确定下来的种种走棋过程做出补充,而这些走棋过程则是机器研究过去所有的棋局而后找到的某种诀窍的。简单地说，这是依靠机器的学习能力。虽然我们现在已经知道：会学习的机器是能够制造出来的，但是，制造和使用这些机器的技术仍然很不完善。按照学习原则来设计弈棋机器的时机还没有成熟，虽然需时也许不长。

能学习的弈棋机可以表现出差距很大的下棋才能，这是由过去与它对弈的棋手的本领来决定的。要造出一部优秀的弈棋机，最好的方法也许就是让它同下棋手段变化多端的弈棋能手对弈。另一方面，一部设计得很好的机器可以因为没有慎重选择敌手之故而遭到或多或少的损坏。一匹马也会被骑坏的，如果让拙劣的骑手去糟蹋它的话。

在能学习的机器中，我们应当分清哪些东西是机器能够学习的，而哪些不能。在制造一部机器的时候，要么使它具有完成某类行为的统计倾向而又不排斥其他行为的可能性，要么就把它的行为的某些特性严格不变地决定下来。我们把第一类决定称为选择性的，把第二类决定称为限制性的。例如，如果我们不把规定的棋规作为限制而加进弈棋机中，又如果机器造得具有学习能力，那么这部弈棋机就会不知不觉地变成一部执行完全不同任务的机器。反之，制造具有规则限制的弈棋机在下棋的战术和战略方面还是一部学习机。

读者也许奇怪：我们为什么对弈棋机竟然感兴趣。难道它们不就是设计家借以要向世人显示他们的本领，希望人们对其成就瞠目结舌、感到惊奇万分的一种于人无害的小玩意儿吗？作为一个老实人，我不否认，在我身上至少有着某种得意洋洋、自我陶醉的因素的。但是，你马上可以了解到，这种情绪并非我在这里讲述这个问题的唯一因素，再说，这种本领对于不是职业弈棋的读者讲来也不具有头等重要的意义。

香农先生曾经提出几个理由，说明他的研究为什么比起仅仅设计一种只能使博弈者感兴趣的玩意儿具有更加重要的意义。在这些理由之中，他指出了这样一点：这种机器可以成为制造用来估计种种军事情势并决定其中任一特殊阶段的最优行动的机器的前身。没有人认为他讲得不够认真严肃。冯·诺伊曼和摩根斯坦(Morgenstern)的名著《博弈论》曾经给世人以深刻的印象,在华盛顿,这种印象也不浅。当香农先生讲到军事技术的发展时,他不是谈论一项荒诞无稽的空想,而是探讨一桩迫近眉睫而又极端危险的事变。

在著名的巴黎杂志《世界》(*Le Monde*)1948 年 12 月 28 日出版的那一期上,有一位多明我会的修士杜巴勒(Dubarle)写了一篇内容深刻的文章来评论我著的《控制论》一书。下面我引用他的几段话来说明他对弈棋机所促成的并且包藏在军备竞赛中的可怕后果的若干想法。

> 于是在我们面前展开了最魅人的远景之一,这就是人类事务的理性的管理,特别是那些有关社会利益而且看来具有某种统计规律性的事务的理性的管理,譬如说,社会舆论发展的现象就是具有统计规律性的。难道人们不能想象有这样一部机器,它能够搜集这种类型或那种类型的信息,例如,关于生产的信息、市场的信息,然后把它作为人的平常心理作用,作为某些在确定场合下可以测量到的量的作用,从而来确定何者是事态的最可几的发展吗?难道人们不能进一步设想有这样一部国家机器,它在地球上许多国家共同组成的政体的控制之下,或者在这个行星的人类政府这种显然简单得多的政体的控制之下,统辖着一切政治裁决制度吗?目前并没有什么东西阻碍我们去作这样的思考。我们可以梦想有那么一天,政府管理机器(machine à gouverner)可以补充——不论是行善还是作恶——目前我们的脑子在参与一般政治机构时所表现出来的那种明显的不适应性。
>
> 总的说来,人的种种现实问题是不能做出像数字计算数据那样明确的决定的。我们只能决定它们的可几值。因此,一部处理这些过程以及与此有关的种种问题的机器一

定得具有那种概率论的思想，而不是决定论的思想，譬如说；就像现代计算机所表现的那样。这就使得机器的任务更加复杂了，但这并不是不可能的。决定高射炮效能的预测机就是这方面的一个例子。从理论上说，时间预测不是不可能的，最优决策的确定也不是做不到的，至少在一定范围内就是如此。一部像弈棋机那样的博弈机之具有制造的可能性就是为了建立这种预测的。至于作为政府管理对象的种种人事过程，那是可以和冯·诺伊曼用数学研究过的那种意义的博弈相融合。虽说这类博弈已经有了一个不完全成套的规则，但还有其他的博弈，有大量博弈者参加，其数据极为复杂。国家管理机器可以把国家定义为在每一特定阶段都能以最优方式取得信息的博弈者，而国家又是一切局部决策的唯一的最高调节者。这些都是绝无仅有的特权；如果这些特权都是科学地使用的，那它们就会使国家在一切情况下击败自身以外的所有参与人事博弈的博弈者，这只要提出下列的两端论法就足以说明问题：要么立即毁灭对方，要么有计划地跟对方合作。这就是不受外界干预的博弈自身的必然结果。热爱美好世界的人们确实是有某些东西让他们到梦乡中去寻找的。

不管这一切怎样，值得庆幸的也许是：国家管理机器不会在不久的未来出现。因为除有种种非常严肃的问题仍需搜集大量信息并从速处理外，预测的稳定性问题仍然处在我们的控制能力所能认真梦想的范围之外。这是因为人事过程可以比拟为规则不完全确定的博弈，尤其可以比拟为规则自身为时间函数的博弈。规则的这种变化，既取决于博弈自身所发生的种种情况的有效细节，又取决于博弈者们每一瞬间面对所得结果的心理反应所构成的系统。

还有比这些情况甚至变化得更加迅速的情况。在1948年的选举中，盖洛普民意测验所发生的情况看来就是一个极好的例子。这一切，不仅使得种种预测因素受到影响的复杂性增大，它也许还使得人事状况的机械操作根本破产。就我们所能做出的判断而言，这里只有两个条件可以保证人事问题取得数学意义上的稳定性。这两个条件是：一方面，广大的博弈者是十分愚蠢无知的，他们受到一位精明的博弈者的愚弄，而他甚至还可以计划出麻痹群众意识的方法来；或者，另一方面，有足够的善意允许某人为了稳定全局起见而把自己的决定提供给一位或为数不多的几位在全局中具有任意特权的博弈者作为参考。这是一门艰苦的课程，其中都是冷冰冰的数学，但它可以对我们这个世纪的冒险事业——彷徨于人情世事变幻莫测和可怕的大海兽[①]的到来之间——指点迷津。和这种情况比较起来，霍布斯《利维坦》只不过是一个有趣的笑话而已。今天，我们去创建一个庞大的"世界国家"是冒着风险的，在这样的国家中，能使群众统计地得到幸福的唯一可能条件恐怕就是存心蓄意作出粗暴不公之举了：对于每个头脑清楚的人讲来，这是一个比地狱还要坏的世界。对于目前正在创建控制论的人们而言，给他们的技术干部增加上述的思想也许不无好处，这些技术干部现在已经从所有各门科学的地平线上出现了，其中有些是严肃的人类学家，也许还有一位对世界问题表现出某种好奇心的哲学家。

杜巴勒的国家管理机器并不因为它有自动控制人类的任何危险而令人感到恐怖。这种机器过于粗糙，过于不完善了，它不足以表现人类合目的的独立行为的千分之一。不过，它的真正危险却是完全另一回事，那就是，这类机器虽然自身不会兴风作浪，但可以被某人或某一伙人所利用，以之来增强他们对其余人

① Leviathan，希伯来文 livyāthān，是一种大海兽（见旧约圣经约伯记第四十一章、诗篇第七十四章），相当于 behemoth，陆上兽王（见约伯记第四十章）。英国哲学家 T. 霍布斯（Hobbes，1588—1679）《利维坦》（1651）一书就是以这一虚构的怪物取名。霍布斯认为社会是一部巨大的机器，国家是人所组成的怪物，就跟圣经上的大海兽一样。——译者注

类的控制；或者是，某些政治领导人不是企图借助机器自身来控制人民，而是企图通过政治技术来控制人民，这种政治技术对人的可能性显得如此之狭隘，如此之漠不关心，就好像它们事实上是用机器制定出来的一样。机器的最大弱点——正是这个弱点使我们远不至于被它统治住的——就是它还计算不出表征人事变化幅度甚大的概率性。用机器来统治人类就预先假定了社会已经处在熵增加的最后阶段，其中概率性可以略而不计，各个个体之间的统计偏差等于零。幸而，我们现在还没有达到这样一种状态。

即便现在还没有杜巴勒的国家管理机器，但就 20 世纪 50 年代的种种发展所已经表明的情况看来，我们还是发展出了新的战争概念，新的经济竞争概念以及以冯·诺伊曼的博弈论（它自身就是一种通信理论）为依据的宣传概念。我在前面的一章中已经讲过，这种博弈论有助于语言理论的研究，但是，现在有些政府机构却热衷于把它应用在军事和半军事的攻守目的上面了。

博弈论依其本质而言乃是以博弈者之间的协议或结合为基础的，每个博弈者都力图制定一种策略来达到自己的目的，都假定自己的敌手和自己一样地为了争取胜利而各自使用最优的策略。这种大规模的博弈已经机械地实现了，而且大量制造出来了。纵使这种理论所依据的哲学也许不为我们的对手共产主义者所接受，然而，有种种明显的迹象表明：在俄国也像在我们这里一样，对于它的可能性已经做了研究，俄国人不满足于接受我们所提出的理论，已经在它的若干重要方面作了可能的修正。具体说，我们在博弈论上所完成的大部分工作（虽然不是全部工作）都是以下述假定为依据的：敌我双方都有无限的才干，我们博弈所受到的限制唯一地决定于分配到我们手上的牌或者棋盘上的明显局势。有相当数量（事实方面而不是文字方面）的证据表明：俄国人给世界赌局的这个态度补充了一个看法，即考虑到了博弈者的心理限制，特别是考虑到了他们作为赌局自身的组成部分的疲劳性。因此，现在世界矛盾的双方本质上都在使用着某种国家管理机器，虽然它从任一方面说来都不是一部独立的制定策略的机器，但它却是一种机械技术，这种机械技术是适应于那群醉心于制定策略的、像机器般的人们的紧急需要的。

杜巴勒吁请科学家注意世界上的军事和政治方面的日益增长的机械化，其情况就跟一部巨大的按照控制论原理进行工作的超人般的机器一样。为了避免这种机械化所带来的多方面的(外在的和内在的)危险，他之强调需要人类学家和哲学家是十分正确的。换句话说，作为科学家，我们一定要知道人的本性是什么，一定要知道安排给人的种种目的是什么，甚至当我们一定得去使用像军人或政治家之类的知识时，我们也得做到这一点；我们一定得知道为什么我们要去控制人。

当我说到机器对社会的危险并非来自机器自身，而是来自使用机器的人时，我的确得强调一下巴特勒(Butler)①的预见。在《爱理翁》中，他认为，机器只有被人用来作为自己的附属器官时才能征服人类，否则，它就无所作为。但虽然如此，我们还是不宜把巴特勒的这个预见看得过分认真，因为事实上在他的那个时代，他和他周围的任何人都无法理解自动机行为的真正性质，而他所讲的话，与其说是科学方面的评论，毋宁说是言辞方面的尖锐夸张。

自从我们不幸发现了原子弹以来，我们的报纸一直在大事渲染美国人"懂得如何做"②。但是，还有一种比"懂得如何做"更

---

① Samuel Butler(1835—1902)，英国作家。控制论文献中常常提到此人和他的名著《爱理翁》(*Erewhon, or Over the Range*, 1872)。爱理翁是虚构的国名，这个字是英文"乌有乡"(nowhere)的倒写。这本书以讽刺式的寓言和怪诞的描绘对英国资产阶级社会作出某一程度的批判。爱理翁的"音乐银行"是讽刺教会的，爱理翁的"非理智学院"是讽刺实证主义者企图把科学和宗教结合起来的调和理论的。书中有专门篇幅讲述机器(第23至25章)，作者在这里发挥了机器能够进化的独特学说，旨在讽刺资本主义社会中机器压倒人，人成为机器的附属品这样一个事实。——译者注

② 第七章中维纳讲美国人自以为是"专门技能"的唯一所有者，和此处讲美国人"懂得如何做"，英文都是"know-how"，为了上下文阅读方便起见，故用不同译法。——译者注

加重要的品质，而这，我们就无从责备美国有任何不当之处了。这个品质就是“懂得做什么”，我们不仅据此来决定如何达到我们的目的，而且据此决定我们的目的是什么。我可以举出一个例子来说明二者之间的区别。若干年前，有位知名的美国工程师买了一架高价的钢琴。一两个星期以后，事情明白了，该物之被购买并非因为他对钢琴演奏的音乐特别感兴趣，而是因为他对钢琴的机械结构有着不可抗拒的好奇心。对于这位先生讲来，钢琴这种乐器并非产生音乐的工具，而是给某位发明家提供机会来表明他在乐器生产中如何巧妙地克服若干困难的工具。这种态度对于中学二年级学生讲来是值得尊敬的，但对于国家的整个文化前途赖以决定的人物之一讲来，这种态度如何值得尊敬，我留给读者去考虑。

在我们童年时代读过的神话故事中，我们学到了一些比较单纯、比较浅显的生活真理，例如，当我们发现瓶中装有妖魔时，最好的办法是把瓶子扔下；如果渔夫在自己妻子的唆使之下向上天祈求恩赐的次数太多时，那他就要回到原先由之出发的状态的；如果让你满足三个愿望，那你就要对你所希望得到的东西十分当心。这些单纯浅显的真理是以儿童语言表述出来的人生悲剧感，它是希腊人和许多现代欧洲人都具有的观点，但它不知何故却是这个富饶国家所缺少的东西。

希腊人是以极端矛盾的情绪来对待火的发现这桩事情的。一方面，他们和我们一样，认为火是给予全人类的巨大恩惠。另一方面，把火从天上取到人间乃是对奥林匹斯诸神的反抗，而这就不能不因冒犯诸神的特权而受到他们的谴罚。于是，我们看到了取火者普罗米修斯的伟大形象——他是科学家的原型，一位英雄，然而却是应该受罚的英雄——被锁在高加索山上，让兀鹰来啄食他的肝肠。我们都读过伊斯奇拉斯(Aeschylus)的音韵铿锵的悲剧诗章，诗中讲到，这位被囚禁的神在祈求着阳光普照之下的全世界为他作证，证明他在诸神手中遭受到何等的苦难。

悲剧感意味着世界不是一个快乐的、为了保护我们而创造出来的小窝巢，而是一个具有巨大敌意的环境，在这样的环境里，我们只有反抗诸神才能取得伟大的成就，而这种反抗又必然地给它自己带来了谴罚。这是一个危险的世界，在这个世界里，除了谦卑顺从、知足常乐可以得到某种消极的安全外，再也没有任何安全了。我们的世界是这样一个世界，其中理所当然的谴罚不仅要落到有意犯罪者的头上，而且要落到其唯一罪过就是对诸神和周围环境懵然无知者的头上。

一个人如果怀着这种悲剧感去对待另一种力之本源的显现，不是火，例如，去对待原子分裂，那他就会怀着畏惧战栗的心情。他不会冒险进入天使都害怕涉足的地方去的，除非他准备接受堕落天使的折磨。他也不会心安理得地把选择善恶的责任托付给按照自己形象而制造出来的机器，自以为以后不用承担从事该项选择的全部责任。

我讲过，现代人，特别是现代美国人，尽管他可以有很多“懂得如何做”的知识，但他的“懂得做什么”的知识却是极少的。他乐意接受高度敏捷的机器决策，而不想较多地追问一下它们背后的动机和原理为何。他这样做，迟早是要把他自己置身于贾可布斯(Jacobs)的《猴掌》(*The Monkey's Paw*)一书中那位父亲的地位上的，这位为父者企望得到一百英镑，结果只是在他家门口碰到他儿子工作的那家公司的代理人，给他一百英镑作为他儿子在厂里因公死去的抚恤金。或者，他还可以像《一千零一夜》中阿拉伯渔翁在那只装有愤怒妖魔的瓶子上揭开所罗门的封印时所做的那样地做去。

让我们记住：猴掌型的和瓶装妖魔型的博弈机都是存在的。任何一部为了制定决策的目的而制造出来的机器要是不具有学习能力的话，那它就会是一部思想完全僵化的机器。如果我们让这样的机器来决定我们的行动，那我们就该倒霉了，除非，我们预先研究过它的活动规律，充分了解到它的所作所为都是按照我们所能接受的原则来贯彻的！另一方面，瓶装妖魔型的机器虽然能够学习，能够在学习的基础上作出决策，但它无论如何也不会遵照我们的意图去作出我们应该作出的或是我们可以接受的决策的。不了解这一点而把自己责任推卸给机器的人，不论该机器能够学习与否，都意味着他把自己的责任交给天风，任其吹逝，然后发现，它骑在旋风的背上又回到了自己的身边。

我讲的是机器，但不限于那些具有铜脑铁骨的机器。当个体人被用作基本成员来编织成一个社会时，如果他们不能恰如其分地作为负着责任的人．而只是作为齿轮、杠杆和连杆的话，那即使他们的原料是血是肉，实际上和金属并无什么区别。作为机器的一个元件来利用的东西，事实上就是机器的一个元件。不论我们把我们的决策委托给金属组成的机器抑或是血肉组成的机器（机关、大型实验室、军队和股份公司），除非我们问题提得正确，我们决不会得到正确的答案的。肌肤骨骼组成的猴掌就跟钢铁铸成的东西一样地没有生命，瓶装妖魔作为描述整个团体的综合形象时，就跟惊心动魄的邪法一样地可怕。

时已迟矣，善恶抉择之机已经迫在眉睫了。

第十一章

语言、混乱和堵塞

· Ⅸ *Language, Confusion, and Jam* ·

用比较通俗的话来讲，无论是通话的人抑或是堵塞通话的力量都可以随意使用欺骗手段来互相捣乱的，而且，一般地说，采用这种手段就是不让对方有可能根据关于我方手段的可靠知识来行动。所以，双方都在欺骗，堵塞通信的力量要使自己适应于通信力量所发展起来的新的通信技术，而通信力量则要机巧地胜过堵塞通信的力量所制定的任何策略。

我在第四章提到过一桩非常有趣的工作，那就是巴黎大学的芒德布罗博士和哈佛大学的贾可布逊(Jacobson)教授最近关于语言现象所做出的研究，特别是关于字的长度的最恰当分布的讨论。在本章，我不想细谈这项工作，只从这两位作者所提出的若干哲学假设出发，引申出一些结论来。

他们认为，通信是一种博弈，是讲者和听者联合起来为反对混乱力量而进行的博弈，这个混乱力量就是通信中常见的种种困难和假想中的企图堵塞通信的人们。确切地说，这种情况就是冯·诺伊曼的博弈论，这个理论讲的是一批人在设法传送消息，而另一批人则采取某种策略来堵塞消息的传送。在严格意义的冯·诺伊曼的博弈论中，这就意味着讲者和听者在策略上共同合作，并从下述假定出发：堵塞通信的人采取最优策略来扰乱他们，又假定讲者和听者也一直都在使用最优的策略来防止堵塞，如此等等。

用比较通俗的话来讲，无论是通话的人抑或是堵塞通话的力量都可以随意使用欺骗手段来互相捣乱的，而且，一般地说，采用这种手段就是不让对方有可能根据关于我方手段的可靠知识来行动。所以，双方都在欺骗，堵塞通信的力量要使自己适应于通信力量所发展起来的新的通信技术，而通信力量则要机巧地胜过堵塞通信的力量所制定的任何策略。在这种通信中，我前面引用的爱因斯坦在科学方法上的名言是具有极大意义的，这句名言是："上帝精明，但无恶意"(Der Herr Gott ist raffiniert，aber boshaft ist Er nicht)。

这句名言决非陈词滥调，而是非常深刻的陈述，涉及科学家所面对的种种问题。要发现自然界的秘密，那就需要采取有力而精巧的手段，但是，就无生命的自然界而言，我们至少可以期

◀康奈尔大学校园景

望一桩事情，即当我们能够前跨一步时，我们不会因为自然界存心和我们捣乱，有意进行破坏，从而改变了它的策略，使得我们受到它的阻挡。的确，当我们涉及有生命的自然界时，这个陈述不免受到一些限制，因为歇斯底里常常是因为有位听众在场而表现出来的，其用意（经常是无意识的）在于迷惑这位听众。另一方面，正当我们似乎征服了一种传染病的时候，病菌可以突变，显示某些特性，其发展方向使人看来至少是有意识地想把我们带回原来由之出发的地方的。

自然界的这些不驯性无论会使生命科学的研究者何等烦恼，幸而都不属于物理学家所考虑的困难之列。自然界是光明正大的，如果物理学家在攀登一座山峰之后，又在自己面前看到另外一座山峰出现在地平线上，那它不是为了破坏他所做出的成绩而故意树立在那里的。

表面看来，也许有人认为，即使没有自然界有意识地或有目的地干扰我们，科学工作者也应审慎从事，他应该如此这般地行动，使得自然界纵然是有意识地和有目的地欺骗我们，也不至于妨碍他以最有利的方式取得并传送信息。这种观点是不公正的。通信（一般而言）和科学研究（特殊而言）都是很费力气的工作，即使是卓有成效的努力也是如此，其中还得包括同不相干的妖魔鬼怪作斗争而浪费掉的力量在内，而这种力量本来是应该节约下来的。我们不能过着一种像是跟群鬼在一起进行拳击练习那样的通信生活和科学生活。经验已使每个有成就的物理学家深深相信：自然界不仅难于被解释，而且它是积极地抗拒人家对它作出解释的，就他已经做过的工作而言，有关自然的任一观念都还是没有得到确切证明的，所以，要想作为一个成就卓著的科学家，那他就必须淳朴，甚至是有意识地淳朴，假定自己是跟诚实的上帝打交道，所以他就得像个诚实的人那样地对世界提出自己的问题的。

因此，科学家的淳朴虽然是顺应职业而形成的特点，但不是职业上的缺点。一个人要是采取警局侦探人员的观点去研究科学，那他就得浪费许多时间去破获种种无中生有的阴谋，去侦讯那些心甘情愿地对直截了当的问题作出回答的嫌疑分子，总而言之，去玩警察与强盗这种流行的游戏，就像现在在官办科学和军事科学的领域里所出现的情况那样。目前科学行政首脑的侦探狂热乃是科学工作所以障碍如此之多的主要原因之一，这我是深信不疑的。

从这点出发，几乎用三段论式就可以推得一个结论：除了侦探职业外，还有其他职业不能也不会使人适于从事最有效的科学工作，因为这类职业既能使他怀疑自然界的诚实性，又能使他对自然界及其有关问题采取不诚实的态度。军人被训练得把生活看做人与人之间的斗争，然而他未必会像军事宗教组织——十字军或镰刀铁锤军——中的分子那样地死抱着这个看法不放。在这里，基本宣传观点的存在远比宣传的具体性质重要得多。无论一个人对之庄严宣誓的军事组织是那杜斯·罗约那[①]式的军事组织还是列宁式的军事组织，都不是要点，要点在于他认为他的信仰的正义性要比他应该维护自己的自由甚至自己职业上的淳朴性更为重要。不管他效忠于什么，只要这种效忠是绝对的，那他就不适于在科学的高空飞翔。在今天，几乎每一种的统治力量——不论是左的或是右的——都要求科学家具有思想上的一致性，而不是要求他坦白为怀，这就不难理解科学已经受到怎样的损害，而将来等着它的又是什么样的贬抑和什么样的挫折了。

我已经指出，科学家与之斗争的妖魔，是混乱，而非有目的的阴谋。自然界之具有熵趋势，这见解是奥古斯丁的见解，不是摩尼教的见解。自然界未曾采取进攻的策略，有意识地去打败科学家，这情况意味着自然界的恶行乃是科学家本身的弱点所致，而非自然界具有一种特殊的、能够和宇宙中有秩序的原则相抗衡或胜过它们的作恶力量。宇宙中有秩序的原则虽然是局部

① Ignatius Loyola(1491—1556)，西班牙耶稣会创始人。——译者注

的和暂时的，但也许和宗教界人士所指的上帝并无多大的不同。依据奥古斯丁主义，世界上黑的东西都是消极的黑，只不过是因为它缺少了白；然而按照摩尼教，白的和黑的则是两支相互对抗的军队，面对面地排在一条线上。在所有的十字军远征中，在所有的穆斯林的护教战争中和在共产主义为反对资本主义罪恶的一切战争中，都含有一种微妙的、充满感情的摩尼教的色彩。

要想停留在奥古斯丁的地位上总是很困难的。稍微有点儿动荡，它就要转化成一种隐蔽的摩尼教了。奥古斯丁主义在情绪方面的症结就表现在密尔顿（Milton）《失乐园》（*Paradise Lost*）里的两端论法中：如果妖魔只是上帝的创造物，又如果妖魔只在上帝主宰的世界中活动着，其作用只是为了指出生活方面的某些阴暗角落，那么，妖魔和上帝力量之间的一场恶战差不多就变成一场职业性摔跤竞赛那样地有趣了。如果密尔顿的诗篇要比这些摔跤表演中的任何一场都更有价值的话，那就一定会给妖魔以打赢的机会，至少在妖魔自己所作的估计中就得如此，哪怕这只是一种虚假的机会。在《失乐园》中，妖魔自己讲出的话说明他是认识到了上帝是万能的，跟他作斗争是没有希望取胜的，然而，妖魔的行动则说明了，至少在情绪方面，他是把这场斗争看成他的主人和他自己双方种种权利的一项无望的、但并非完全无用的声明。但即使是奥古斯丁式的妖魔，也得自己十分当心，不然的话，它就会被改造成摩尼教式的了。

任何一种按照军队方式建立起来的宗教组织都是受到了与堕落成为摩尼教异端相同的诱惑。它把与之进行斗争的那些力量都比作一支注定要失败的孤军，但这支孤军是能够（至少是可以设想作能够）取胜并使自己成为统治力量的。由于这个缘故，这类秩序或组织和我们鼓励科学家采取奥古斯丁式的态度就完全不相容了；何况，按照其自身的道德尺度而言，这类组织对于精神领域中的诚实性并无太高的估价。为了反对一个阴险的玩弄诡计的敌人，使用军事计谋是允许的。因此，宗教的军事组织几乎不得不十分重视服从、信仰声明以及所有那些对科学家有所损害的限制条件。

除了教会自身，任何人都不能评价教会，这是真的；但同样真实的是，教会以外的人士对于这一教会组织及其主张可以有甚至应当有他自己的态度。同样真实的是，作为一种精神力量，共产主义基本上就是共产党人所讲的东西，但他们的种种陈述对我们自有一种限制，即仅能看做如何定义一个理想的方法，而非我们能在一个特定的组织或运动中据之行动的描述。

看来，马克思自己的见解是奥古斯丁式的；而恶，依他的见解，与其说是一种和善作斗争的值得注意的自发力量，不如说是完满的欠缺。但虽然如此，共产主义已经在斗争中壮大起来了，其一般趋势似乎就是要把黑格尔的最后综合（奥古斯丁主义者对恶的态度是与这一综合相符的）推到未来，而这个未来，如果不是无限远，那至少也是和目前所发生的情况非常疏远的。

因此，目前在实际的做法上，无论是共产主义阵营，还是教会阵营中的许多分子，都是采取坚定不移的摩尼教徒的立场。我曾经隐约地讲过，摩尼教对科学来说，是一个很坏的环境。这一点也不奇怪，因为它对信仰来说，也是一个很坏的环境。当我们不了解我们所观察到的某一特殊现象是上帝的作品还是撒旦的作品时，我们信仰的根基就被动摇了。只有在这样的条件下，人们才可能在上帝和撒旦之间作出重大而任性的选择，这种选择是可以导致魔力或者（换个说法）导致巫术的。进一步说，只在巫术成为真正可能的气氛中，女巫迫害[①]才会作为一项重要的活动而盛行起来。因此，俄国有它的贝利亚之流，我们有我们的麦卡锡之流，这不是一桩偶然的事情。

我已经讲过，科学不可能没有信仰。我讲这话并不意味着科学所依赖的信仰在本质上就是一种宗教信仰，或者说它也要

---

① witch-hunting，原指欧洲中世纪宗教盛行时期中的宗教迫害，即以莫须有的罪名加于对方，如果受害者是妇女，则称之为女巫或妖妇，这个字的转义是指政治迫害，作者在此处语义双关，故下云贝利亚、麦卡锡等。——译者注

接受一般宗教信仰中的任何教条，然而，如果没有自然界遵守规律这样一种信仰，那就不能有任何科学。自然界之遵守规律，这是不能证明的。因为我们大家都知道，世界在下一刹那可能变得像《爱丽丝漫游奇境记》中的槌球戏那样，在这个游戏里，用活的刺猬当球[①]，球门乃是走向球场的其他地方去的兵士，而游戏的规则则是根据女王时时刻刻随心所欲的命令来制定的。在极权主义的国家中，科学家所必须适应的正是像这样的一个世界，不管这些国家是右的还是左的。马克思主义的女王的确是很任性的，法西斯主义的女王则是她的好对手。

我所讲的关于科学需要信仰的这些话，对于纯粹因果支配的世界和概率统治的世界同样都是正确的。任何程度纯客观的和彼此分立的观察都不足以证明概率是一个有效的观念。换句话说，逻辑上的归纳法是不能归纳地建立起来的。归纳逻辑（培根的逻辑）与其说是一种能够证明的东西，不如说是一种能够据以行动的东西；我们根据这种逻辑所做出的行动就是信仰的最高表现。正因为如此，所以我必须说，爱因斯坦关于上帝坦白为怀的格言自身就是一个关于信仰的陈述。科学是一种生活方式，它只在人们具有信仰自由的时候才能繁荣起来。基于外界的命令而被迫去遵从的信仰并不是什么信仰，基于这种假信仰而建立起来的社会必然会由于瘫痪而导致灭亡，因为在这样的社会里，科学没有健康生长的基础。

① 此处文意不足，俄译本据卡洛尔原著增补一句“用活的火烈鸟当小木槌”。——译者注